ESSAI

SUR

LA GÉOLOGIE

ET

LES RESSOURCES MINÉRALES

DE LA NOUVELLE-CALÉDONIE

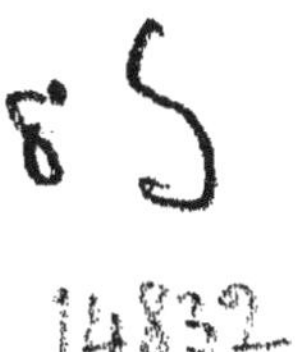

A M. GRUNER

INSPECTEUR GÉNÉRAL DES MINES

HOMMAGE RESPECTUEUX DE SON ANCIEN ÉLÈVE

GARNIER.

Paris. — Imprimé par E. Thunot et Cᵉ, rue Racine, 26.

ESSAI

SUR

LA GÉOLOGIE

ET

LES RESSOURCES MINÉRALES

DE LA NOUVELLE-CALÉDONIE

PAR

M. GARNIER,

INGÉNIEUR ATTACHÉ AU MINISTÈRE DE LA MARINE ET DES COLONIES
DE 1863 A 1867,
MEMBRE DE LA SOCIÉTÉ GÉOLOGIQUE DE FRANCE ET DE LA SOCIÉTÉ DE GÉOGRAPHIE.

PARIS.

DUNOD, ÉDITEUR,

SUCCESSEUR DE V^or DALMONT,

Précédemment Carilian-Gœury et V^or Dalmont

LIBRAIRE DES CORPS IMPÉRIAUX DES PONTS ET CHAUSSÉES ET DES MINES

Quai des Augustins, 49

1867

ESSAI

SUR

LA GÉOLOGIE

ET

LES RESSOURCES MINÉRALES DE LA NOUVELLE-CALÉDONIE

Préliminaires.

Au mois d'août 1863, j'eus l'honneur d'être chargé par M. le marquis de Chasseloup-Laubat, ministre de la marine et des colonies, des fonctions d'ingénieur, chef du service des mines à la Nouvelle-Calédonie.

A ce moment on s'accordait généralement à dire que notre colonie nouvelle était riche en mines de diverses espèces, et que les gisements de charbon présentaient surtout de grandes espérances ; à mon arrivée dans l'île, je fis donc tout d'abord de cette dernière question, l'objet d'une étude attentive et je pus me convaincre, par quelques travaux d'exploration et l'examen des gîtes carbonifères que, malheureusement, il fallait à peu près renoncer à tout espoir de rencontrer un combustible minéral exploitable; en conséquence, je résolus bientôt de ne pas user davantage mon temps et les deniers de la colonie à des travaux de recherches que tout indiquait devoir être infructueux, mais d'utiliser mon séjour à un travail de délimitation des terrains de l'île suivant leur âge ou leur nature minéralogique; M. le capitaine de frégate Jouan, s'était déjà occupé de

1

la constitution géologique des îles Loyalty dans un intéressant mémoire publié dans la *Revue de la géologie* (*); le P. Montrouzier, avec le style concis et plein de sens qui le caractérise avait aussi donné une esquisse géologique de la Nouvelle-Calédonie (**); enfin, M. E. Deslongchamps, avait fait dans le *Bulletin de la Société Linnéenne de Normandie*, VIII° volume, une étude consciencieuse de quelques fossiles de l'îlot Hugon, que lui avait remis M. Desplanches, chirurgien de la marine.

Néanmoins le champ était encore vaste, et chaque pas que je faisais dans l'île était pour moi le sujet d'une observation nouvelle, car il est peu de contrées, à surface égale, aussi variées dans leurs éléments que notre colonie du Pacifique ; je fis ainsi le tour de l'île, remontant toutes les vallées un peu importantes en suivant jusqu'à leur source les bords ou les lits des rivières ; je traversai l'île de l'est à l'ouest en divers points, du sud, du centre et du nord, recueillant partout des échantillons et des notes.

J'étais de retour en France à la fin de l'année 1866 ; peu de temps me restait pour opérer le classement de mes échantillons pour l'*Exposition universelle ;* M. Jannettaz, minéralogiste du muséum, chargé par le ministère de la marine de l'étude de quelques minéraux ou roches provenant de nos colonies, voulut bien me continuer son concours au sujet de la Nouvelle-Calédonie, et je profite de cette occasion pour remercier mon collaborateur de son aide obligeante et de tous les services qu'il m'a rendus dans l'exécution de cette tâche.

Il me reste encore à faire accepter mes remerciements à MM. Brongniart, le vicomte d'Archiac, Fisher et Munier-

---

(*) Années 1862-1863. *Revue de géologie* de MM. Delesse et Laugel, p. 569.

(**) *Notice historique, ethnographique et physique de la Nouvelle-Calédonie.*

Chalmas, qui ont bien voulu examiner les fossiles que je rapportai, en déterminer quelques-uns et me donner leurs avis à leur égard.

J'ose espérer maintenant, que notre belle et jeune colonie, tenant enfin un jour ses promesses, offrira bientôt aux exploitants, de riches mines métalliques et qu'alors cet *essai* pourra leur être de quelque utilité.

La Nouvelle-Calédonie est une île située entre les 20° 10′ et 22″ 26′ de latitude sud et entre les 161° 55′ et 164° 35′ de longitude est du méridien de Paris; sa largeur moyenne est de 12 à 15 lieues, sa longueur de 75 environ : cette terre, longue et droite, s'étend au-dessus de l'Océan, du nord-ouest au sud-est. Il est à remarquer que, dans ces parages, cette direction est commune à la plupart des chaînes de montagnes ou des îles dont les groupes forment des archipels; ainsi, à 15 lieues dans le nord-est de la côte orientale de la Nouvelle-Calédonie, nous trouvons d'abord le groupe des Loyalty, composé de trois îles dont l'alignement est parallèle à l'axe de notre colonie. Toujours dans la même direction, mais à une distance de 75 lieues, on rencontre le groupe des *Nouvelles-Hébrides*, qui se compose de plusieurs îles, toutes placées sur la même ligne qui court du nord 30° ouest au sud 60° est. Les îles Viti, les îles Salomon et la Nouvelle-Guinée sont aussi dans le même cas.

Je dirai ici quelques mots sur la nature géologique des îles qui avoisinent la Nouvelle-Calédonie; quoique je possède bien peu de données sur ces terres, jusqu'ici si peu connues, j'ai pensé qu'il serait intéressant d'avoir quelques notions sur les archipels et les grands continents qui avoisinent la petite île dont nous allons nous occuper.

Groupe des îles Loyalty. — Lifou, Mare et Ouvéa sont les noms des trois îles qui composent ce groupe; cet archipel a cette constitution curieuse et particulière à l'Océanie; il est essentiellement formé d'immenses bancs madréporiques qui s'élèvent au-dessus de la mer de 40 mètres ou 50 mètres, et dont le pied descend jusqu'à plusieurs centaines de mètres au-dessous de la surface des eaux. Cependant aujourd'hui les madrépores végètent autour des îles qui les abritent, ne peuvent vivre que dans l'eau de mer et à quelques mètres seulement de sa surface; mais si, aux époques éloignées où ces laborieux et innombrables travailleurs élevaient ces gigantesques édifices, leur existence était soumise aux mêmes lois que maintenant, nous sommes forcés d'accepter cette théorie, c'est que dans ces parages les terres se sont abaissées, mais assez lentement pour permettre aux coraux de s'élever en même temps; enfin, les terres ne descendirent plus, au contraire même, un mouvement ascendant eut lieu; mais, par suite de ce mouvement, les madrépores se trouvèrent bientôt hors de l'eau et périrent, formant de leurs débris la couche superficielle de ces vastes plateaux, sur lesquels maintenant poussent avec force des forêts de cocotiers, ombrageant les cases d'hommes nombreux qu'ils nourrissent en partie de leurs fruits.

Ce fait du mouvement lent et prolongé d'une terre, quoique étonnant au premier abord, a été constaté cependant plusieurs fois, et dernièrement encore (1865), dans une lecture géologique faite devant la société philosophique de la Nouvelle-Galles du Sud par le géologue du gouvernement, le docteur Clarke, on apprenait que, à la suite de différentes observations astronomiques, on avait constaté que l'emplacement sur lequel s'élève l'observatoire de Sydney et probablement la contrée entière, jouissait d'un mouvement de haut en bas, très-lent, mais continu.

Le sol de ces îles est un calcaire très-analogue à celui qui recouvre la plupart des montagnes des presqu'îles de Nouméa, de Païta et des îlots qui leur font face ; à Lifou, des lithophages ont tracé de toute part leurs sillons au milieu de ces calcaires récents ; enfin, si l'on s'enfonce au-dessous du sol, on y rencontre d'abord d'abondants fossiles ; malheureusement, aucune fouille ayant un but scientifique n'a encore été faite au milieu de ces coraux anciens transformés ; cependant, quels documents précieux pour l'histoire de cette époque, si voisine de la nôtre, on trouverait ensevelis au milieu de ces innombrables débris d'infusoires ou conservés dans les vastes cavernes que renferment souvent les bancs de corail ! Ce qui prouve du reste l'existence de ces grottes souterraines, c'est que souvent le touriste qui parcourt ces îles entend ses pas résonner sous la terre. — A ce sujet, je me souviens que, recueillant un jour des coquillages fossiles en Nouvelle-Calédonie, un naturel de Lifou, qui m'accompagnait, me voyant mettre tant de soins à mes recherches, me dit :

« Viens à Lifou et je te montrerai dans la pierre des milliers de coquillages bien plus beaux que ceux-ci, des poissons et des animaux comme il y en a dans la mer. »

Je n'ai pas eu le loisir de le suivre jusqu'à Lifou, et les fossiles que j'ai pu rapporter de cette contrée sont quelques coquillages seulement.

Dans le centre de la plupart des îles madréporiques de l'Océanie se rencontre une dépression qui, s'enfonçant plus ou moins au-dessous du niveau de la mer, s'emplit d'eau salée dans laquelle vivent différents animaux marins ; presque toutes les îles de corail de l'archipel de Tahiti présentent cette particularité ; aux Loyalty, l'île Ouvéa seule a un lac intérieur. Cette terre est aussi la seule dans laquelle l'horizontalité des couches de corail n'a pas été bien gardée pendant les mouvements qu'elle a subis.

Voici la liste de quelques-uns des fossiles recueillis dans le calcaire madréporique de cette île :

Nautilus,	Psammobia,
Lithodomus,	Polypier (sp. ind.),
Trochus,	Turbo,
Cypricardia,	Vénus (deux échantillons),
Conus,	Vermetes,
Cassis,	Moule intérieur de vermète.
Cyprœa,	

Groupe des Nouvelles-Hébrides. — Cet archipel situé à 70 lieues environ de la Nouvelle-Calédonie se compose de plusieurs îles, alignées dans la direction du nord-ouest, ainsi que nous l'avons déjà dit ; ces îles sont Anatom, Tana, Eromango, Vaté, Trois-Monts, etc. On ne connaît que peu de choses sur la géologie de cet archipel encore indépendant, cependant l'une des îles, *Tana,* se fait remarquer par son volcan toujours en activité et le soufre natif qui a été sublimé ici avec une abondance que l'on n'a pas, je crois, rencontré jusqu'ici auprès d'aucun volcan actuel. Ce beau gisement, situé au bord de la mer et d'un port est déjà l'objet d'une exploitation très-limitée cependant ; les rares caboteurs qui viennent commercer dans cette île, habitée par une peuplade des plus farouches, complètent ordinairement leur cargaison au moyen du soufre qui se revend à Sydney. On estime à 120 mètres l'altitude du volcan de Tana au-dessus du niveau de la mer.

Les naturels de cet archipel se louent volontiers à l'Européen pour aller travailler pendant quelques années dans les îles voisines. Un jour qu'en Nouvelle-Calédonie mes hommes faisaient une fouille dans le but de poursuivre des affleurements cuprifères, des travailleurs des Nouvelles-Hébrides regardaient curieusement les fragments verts et bleus de cuivre carbonaté que l'on extrayait ; cette atten-

tion de la part d'hommes toujours aussi indifférents et dé-
daigneux pour les travaux des blancs me surprit et je voulus
en savoir la cause :

« C'est que, me dirent-ils, nous connaissons ces pierres,
il y en a beaucoup chez nous dans l'îlot nommé *Mao* et
dans la tribu de *Séma* qui est en face sur la grande
terre. »

Je contrôlai cette assertion de la manière suivante :
ayant pris avec moi différents minéraux, parmi lesquels
des minerais de cuivre, je montrai le tout à des naturels
des mêmes tribus, employés à quelque distance de là ; ne
sachant d'abord ce que je voulais d'eux ils regardèrent ces
pierres en riant, mais tout à coup leurs yeux rencontrant
le minerai de cuivre carbonaté, ils devinrent sérieux et
l'observèrent très-attentivement : « Tu connais cette pierre,
leur dis-je ? » La réponse fut affirmative et corrobora plei-
nement ce que leurs compatriotes m'avaient déjà dit. Les
points dont j'ai donné les noms appartiennent à une tribu
de la petite île des Nouvelles-Hébrides que l'on nomme
Sandwich.

Groupe des Salomon. — Cet archipel, situé à 250 lieues
environ au nord de la Nouvelle-Calédonie, renferme une
île qui, d'après les récits de ses visiteurs, contient en abondance du minerai de cuivre natif ; il est vrai que ceux qui
vont dans ces îles lointaines sont ordinairement peu versés
dans l'art des mines, ce sont tous des *caboteurs* qui, sur de
frêles bateaux, s'avancent jusque-là, séduits par l'espoir
d'une riche cargaison de bois de santal, d'écailles de tor-
tue surtout ; ces navigateurs assurent d'un commun accord
que non loin des bords de la mer, sur les flancs d'une
très-haute montagne (l'archipel des Salomon a été signalé,
dans les voyages de d'Entrecasteaux comme offrant des
sommets d'une hauteur extraordinaire, ordinairement couverts de nuages pluvieux) se trouve le gisement de ce
cuivre ; il est là en nombreux filons parallèles de quelques

centimètres d'épaisseur, séparés par des bancs de quartz ; l'eau qui arrose ce terrain, chargée probablement de sels de cuivre, est mortelle ; quant aux gens du pays ils utilisent peu ce métal trop malléable, ils le détachent cependant en larges plaques, qu'ils taillent en forme de haches et l'une d'elles, apportée à Sydney, y excita une vive curiosité et l'on songea à aller visiter ces gisements ; une société s'organisa et *arma* un bateau qui bientôt fit voile pour *les Salomon* ; mais d'après le récit que me fit un de ceux même qui étaient à bord, l'expédition privée d'un chef énergique et composée d'aventuriers amis du désordre et de la débauche, n'était pas encore au terme de son voyage qu'elle craignit de manquer de vivres, refusa d'aller plus avant ; la maladie s'était du reste déclarée au milieu de ces hommes intempérants et l'on reprit la route de Sydney.

Depuis cette époque, aucune expédition nouvelle ne s'est organisée et c'est regrettable, car ainsi que me le faisait observer un jour un géologue, cet archipel se trouve à peu près à l'intersection de deux grandes lignes très-remarquables sous le point de vue des minerais de cuivre, la ligne du lac Supérieur, San Francisco et l'Australie, celle du Chili en Australie.

Nouvelle-Guinée. — Cette grande terre, située au nord de la Nouvelle-Hollande et au nord-nord-ouest de l'archipel des Salomon, a son grand axe dans la direction du nord-ouest ; elle est très-peu connue, on assure cependant que les naturels apportent souvent de la poudre d'or aux caboteurs qui les visitent.

Nouvelle-Hollande. — Cette île immense se trouve à l'ouest de la Nouvelle-Calédonie à une distance de 200 lieues environ ; jusqu'ici toutes les études comparatives faites entre ces deux contrées ont établi la similitude et quelquefois l'identité la plus complète entre leurs roches synchroniques ; mais la Nouvelle-Hollande a étonné le monde par la prodigieuse richesse de ses mines, surtout de ses gisements aurifères, on avait cru, par suite, que la Nouvelle-Calédonie, devait aussi contenir en abondance le précieux métal; cependant jusqu'ici des traces seules de différents métaux précieux ont été trouvées dans notre colonie, il est vrai qu'elle est explorée depuis bien moins de temps que sa voisine et seulement par un petit nombre de personnes; d'un autre côté, la Nouvelle-Calédonie n'offre pas ces vastes plaines qui s'étendent, en Nouvelle-Hollande, aux pieds des chaînes de montagnes et sont composées d'alluvions superposées depuis des siècles, conservant au milieu de leurs strates, l'or arraché de ses filons par l'usure des siècles, séparé des parties impures par un long remaniement et une série de lavages naturels; dans notre île, presque pas de plaines, par suite peu d'alluvions; partout des eaux rapides descendant brusquement le long de pentes roides, courant ainsi jusqu'à la mer. Dans de pareilles conditions, on ne doit donc s'attendre qu'à trouver l'or en filons, c'est-à-dire dans les plus défavorables circonstances d'exploitation.

Nouvelle-Zélande. — La Nouvelle-Zélande, placée au sud de la Nouvelle-Calédonie, à 570 lieues environ, a des rapports géologiques intimes avec notre colonie; ainsi, les terrains anciens de ces deux contrées se font remarquer par l'abondance des grenats qu'ils contiennent; d'après le docteur Clarke, ces grenats sont ici un exemple de la *transmutation*, qu'il nomme *granitique;* ils se forment ordinairement là où de grandes forces physiques ont été en opération.

En second lieu, en Nouvelle-Zélande comme ici, le chromite de fer abonde.

Enfin nous verrons que l'on a trouvé dans ce pays des fossiles *secondaires* (à Richmond) identiques à ceux récemment découverts aussi en Nouvelle-Calédonie. Je terminerai ce court aperçu sur les îles qui environnent la Nouvelle-Calédonie en dénonçant un fait particulier à toutes ces contrées, c'est que la pluralité des roches qui les composent sont plus ou moins magnésiennes ; la magnésie semblerait presque ici jouer, comme abondance, le rôle que la chaux remplit en Europe.

Aspect de la Nouvelle-Calédonie. — Cette île se compose essentiellement de chaînes de montagnes, de chaînons et de pics plus ou moins effilés ; les seules plaines de quelque importance sont les *Deltas* des grandes rivières qui, après avoir fait mille circuits autour des montagnes de l'intérieur, arrivent enfin sur les bords de la mer.

Quoique les *lignes de faîte* des chaînes montagneuses aient des directions très-variables, on s'aperçoit bientôt cependant que la direction dominante est le nord-ouest : sud-est.

Comme cela arrive le plus souvent, ces montagnes changent complétement d'aspect suivant que les roches qui les composent varient elles-mêmes, et ce fait ici est tellement saillant qu'il peut, à lui seul, dans quelques cas, permettre à un œil exercé de désigner à l'avance le genre de roches qui est en présence ; ainsi, les roches serpentineuses éruptives offrent des sites désolés, des terrains bouleversés, abruptes, difficiles à la marche, recouverts ordinairement d'une maigre argile rouge, au milieu de laquelle végètent çà et là quelques bouquets d'arbustes, chétifs, à demi-morts, aux branches dures, noires, cassantes, étalant à leurs extrémités quelques feuilles jaunies ; cependant sur ces surfaces argileuses, les eaux des pluies ont fourni çà et là des ravins qui creusent profondément la montagne, et, sur leurs bords escarpés, grâce à l'humidité constante qui y règne, se montre une végétation vigoureuse, abondante, inextricable.

Si l'on descend le long de ces ravins on les voit peu à peu s'élargir et enfin se changer quelquefois en une spacieuse vallée qui vient déboucher sur la plage de l'Océan ; c'est dans les parties les plus retirées de ces vallées, là où le soleil, dans sa course, pénètre à peine quelques instants, que, favorisés par la fraîcheur constante de ces lieux, les arbres s'élancent en ligne droite à des hauteurs prodigieuses, c'est là que se rencontrent ces belles fougères arborescentes dont le tronc atteint 20 mètres de hauteur, et dont les frondes qui couronnent les cimes ont 4 mètres de longueur.

Néanmoins tous les points où dominent les éruptions serpentineuses sont inhabités, à l'exception de quelques rares indigènes qui séjournent le long de la mer dans les endroits où de nombreux bancs de coraux, abritant des tortues, des coquillages et des poissons, leur permettent une pêche facile ; là, c'est à peine s'ils cultivent à l'embouchure des ruisseaux quelques portions de cette terre peu fertile ; du reste sur ces sommets désolés, comme dans le désert, la vie animale est nulle, à part deux ou trois espèces d'oiseaux très-petits, ordinairement muets (Pl. II, *fig.* 1).

Tel est l'aspect que présente la partie de l'île située au sud d'une ligne que l'on mènerait du mont d'Or (côte ouest) à Nakety (côte est). Comme je l'ai dit, j'excepte dans cette large surface quelques deltas, qui, comme celui de Yaté, par exemple, jouissent d'une fertilité remarquable.

Mais si la nouvelle-Calédonie offre ce triste aspect dans quelques parties, il en est d'autres où le paysage qui se montre est tout différent ; le pays est alors formé de collines basses, de chaînes de montagnes allongées, aux *lignes de faîtes* horizontales, aux pentes douces, aux croupes arrondies ; tout le sol est couvert de pâturages épais et élevés, au milieu desquels s'espace par petite distance le niaoulis (*melaleuca viridiflora*), un des arbres les plus utiles de cette contrée ; de nombreux petits ruisseaux circulent entre ces collines, au pied de ces chaînes et sont bordés de bouquets d'arbres élevés, de mille essences différentes, au milieu desquels les lianes s'entre-croisent à l'infini.

Ici, en nous enfonçant au-dessous de l'épaisse couche d'humus qui donne la vie à la luxuriante végétation dont je viens de parler, nous trouverons des roches schisteuses particulières, qui forment le relief d'une très-grande partie de l'île, s'étalant surtout en larges bandes sur les bords de la mer de la côte occidentale, du mont d'Or à l'extrémité nord de l'île (Pl. II, *fig.* 2).

Le troisième aspect sous lequel se présente le relief de cette contrée, se rencontre sur la côte orientale, de Kanala à Houagap; il est aussi très-fréquent dans le centre, de Kanala à l'extrémité nord de l'île; mais ici la végétation est encore puissante et c'est la forme seule des montagnes qui a changé, elles se présentent en longs prismes droits triangulaires, couchés sur une de leurs faces latérales; souvent les sentiers étroits des indigènes suivent l'arête supérieure de ce prisme qui n'a parfois qu'une largeur si faible, que le voyageur européen craint de glisser sur l'un des deux plans très-inclinés qu'il a à droite et à gauche et de rouler ainsi jusqu'à leur pied, c'est-à-dire sur une longueur de plusieurs centaines de mètres.

Ces montagnes sont composées de schistes ardoisiers et de schistes argileux. Je ne parlerai pas de l'aspect du versant nord-est de l'île, composé de micachistes; comme dans toutes les contrées où ces roches se montrent, la végétation est pauvre et souffreteuse.

Mais, dans toutes les parties de l'île où de grands cours d'eau ont pu déposer leurs alluvions et créer des plaines plus ou moins spacieuses, l'aspect qui s'offre au voyageur est alors peu variable; ce sont de belles forêts de cocotiers, d'abondantes et productives plantations indigènes, des amas de verdure, au milieu desquels disparaissent les étroites habitations des naturels.

Je suivrai, dans cette description, l'ordre d'ancienneté et commencerai donc à parler des plus anciennes formations. Voir Pl. I la carte géologique de la Nouvelle-Calédonie.

Roches anciennes de la Nouvelle-Calédonie. — Granite. — Je ne citerai cette roche que pour mémoire, car je ne l'ai trouvée que dans la rivière de Saint-Louis en galets roulés, accompagnant des quartz, roulés aussi, cristallisés, pyriteux et quelquefois riches en sulfure de molybdène (*).

Cette formation est peut-être importante dans le haut de la rivière de Saint-Louis, qui m'est inconnu. Là on rencontre aussi de la protogine schisteuse roulée.

Schistes cristallisés. — Les schistes cristallisés, composés presque exclusivement de micaschistes, font leur apparition sur la côte est, à 10 kilomètres environ au nord du port de Hienguène, sur les limites de la petite tribu de Panié et de celle, bien plus importante, de Hienguène. De là ils remontent au nord, composant d'une manière à peu près exclusive la chaîne montagneuse qui borde la mer, disparaissent à l'épaulement que forme l'île à l'embouchure du Diahot, la grande rivière du nord, pour reparaître immédiatement ensuite, toujours sur le même alignement, formant alors les deux îlots montagneux de Pam et Balabio.

Cette ligne de schistes anciens mesure une longueur de 100 kilomètres environ; elle forme une longue chaîne dont la hauteur moyenne va en décroissant d'une manière assez régulière, à mesure que l'on s'avance vers le nord; ainsi la première montagne importante formée par les micaschistes est le mont *Douil,* situé entre Panié et Poëbo; il a environ 1.200 mètres de hauteur. Après lui vient le

---

(*) Depuis peu, j'ai reçu avis de la Nouvelle-Calédonie que mon ami, M. Bavay, pharmacien de la marine, a rencontré de l'or dans ces quartz, mais en proportion trop faible pour permettre une exploitation.

sommet de Poëbo, qui a une altitude d'environ 85o mètres. A partir de ce moment, les hauteurs moyennes décroissent rapidement; à Balade, elles ne sont plus que de 3 à 4oo mètres; enfin, à la pointe de *Tiari*, la chaîne montagneuse se cache sous les flots, pour reparaître, ainsi que je l'ai dit, dans les deux îlots de Pam et Balabio, dont les hauteurs maximum sont de 2oo mètres environ.

Si je m'appesantis autant sur la diminution des hauteurs des montagnes de formation ancienne, à mesure que l'on s'avance dans le Nord, c'est qu'il en découle une observation importante, en effet :

La carte (Pl. I) montre que la Nouvelle-Calédonie est entourée d'une ceinture de coraux qui se prolongent un peu dans le *sud*, mais surtout dans le nord, où ils s'étendent jusqu'à plus de 1oo lieues. Or, d'après la théorie qui explique ces coraux isolés par l'abaissement lent et successif des terres qu'ils entouraient autrefois, et enfin leur disparition totale ou partielle, le *nord* de la Nouvelle-Calédonie aurait dû s'enfoncer beaucoup plus que le sud, et c'est exactement ce que nous montre la diminution constante, à mesure que l'on s'avance vers le *nord* des hauteurs des formations de même âge, de même nature. Nous verrons même plus tard, dans le sud, ces mêmes micaschistes n'apparaître qu'à plusieurs centaines de mètres d'altitude, mais il est vrai de dire que cette différence énorme de niveau peut très-bien être produite en grande partie par l'apparition des roches éruptives sur lesquelles le micaschiste repose.

La chaîne des micaschistes du nord-est y borde en général le rivage de la mer, ne laissant entre ses pieds et les flots qu'une bande de terrain étroite, mais bien arrosée et fertile ; quant aux montagnes, leurs flancs et leurs sommets sont arides (Pl. II, *fig.* 3).

En jetant les yeux sur la carte, on s'aperçoit aussi que les rivages correspondants à ces micaschistes ne sont point dentelés comme ceux formés par les roches magnésiennes du sud, qui s'échancrent profondément en plusieurs points, formant ainsi des ports pleins de sécurité et très-précieux dans ces pays, où la mer est à peu près la seule voie de transport et de communication.

Entre Hienguène et Panié, au point où on rencontre les micaschistes, ils sont associés à des schistes à feuillets très-minces, légèrement ardoisiers, injectés eux-mêmes de grenats comme les micaschistes, qui eux sont aussi très-tourmentés dans ce lieu de jonction; ils sont recourbés et plissés dans tous les sens, et, comme là, ils bordent la mer, ils y forment de hautes murailles dont les flots ont usé la base, de telle sorte qu'ils surplombent le sentier qui côtoie le rivage; en certains endroits même, des éboulements gigantesques se sont produits, des blocs de plusieurs centaines de mètres cubes sont tombés du haut de la montagne et sont venus s'amonceler sur les bords de la mer. Le sentier qui passe sur ces décombres devient alors très-périlleux, car il faut souvent s'élancer d'un bloc sur un autre, pendant que l'on voit au-dessous de soi, à une grande profondeur, la mer se briser avec force et mugir en pénétrant sous les voûtes de ces énormes roches superposées. Ces schistes sont fusibles en émail noir.

A Panié on remarque, coupant les micaschistes, des *Euphotides* en filons abondants, mais de faible épaisseur; dans cette roche, la *Diallage* est ordinairement dans un état de décomposition plus ou moins avancée, enfin elle offre absolument les mêmes allures et le même aspect que celle qui, dans le sud de l'île, se montre avec tant d'abondance. Nous aurons à revenir sur ces rapprochements qui nous serviront beaucoup à éclairer la série des époques géologiques de la Nouvelle-Calédonie, qu'il nous suffise de dire actuellement que, dans le sud, les micaschistes ne se trouvent qu'en faibles lambeaux au-dessus de ces *Euphotides* et à une hauteur approximative de 200 mètres au-dessus du niveau de la mer; là, la roche éruptive a soulevé;

ici, à Panié, elle a seulement pénétré dans la roche, d'après ce que l'on voit.

Des veines de quartz lenticulaire, atteignant parfois de grandes dimensions et une régularité de filon, sont couchées dans les micaschistes parallèlement à leurs strates. Ces bancs de quartz sont presque toujours pyriteux, et ce fait fut, il y a quelques années, la cause d'une fausse alerte, car on crut avoir trouvé de l'or; c'était au village même de Panié. M. Bérard, ancien officier de marine, qui plus tard fut massacré par les naturels avec une dizaine de ses compagnons, visitait cette petite tribu, lorsqu'il se trouva subitement en présence d'un filon de quartz pyriteux, au milieu des micaschistes; la pyrite était d'un beau jaune d'or. Il crut avoir trouvé le précieux métal, et sur-le-champ fit extraire de ce filon, à coups de marteau, tout ce qu'il lui fut possible de retirer avec ces outils impropres, transporta le tout à Nouméa, chef-lieu de l'île, où on lui fit connaître son erreur. Dans l'état de joie où cette découverte supposée avait mis l'infortuné Bérard, il combla de présents le naturel qui l'accompagnait dans cette excursion; celui-ci avait gardé le souvenir de cette générosité, si rare ordinairement de l'Européen au Kanak, aussi, lorsqu'il vit arriver dans sa tribu, peu fréquentée par les blancs, un *capitani* qui recueillait des pierres, il s'empressa d'accourir vers moi, parvint à m'expliquer les faits que je viens de raconter et me conduisit vers ce quartz pyriteux, où je reconnus, en effet, la trace des travaux de Bérard. Le filon de quartz a environ 1 mètre d'épaisseur et se dirige, comme les micaschistes, au nord 25° est, s'inclinant vers l'ouest.

Les micaschistes de Panié contiennent aussi de nombreux cristaux cubiques de pyrites de fer.

Tribu de Poëbo. — Mines d'or. — Au nord de Panié on rencontre la grande tribu de Poëbo, dans laquelle, au mois de mars 1863, des chercheurs d'or trouvèrent le précieux métal dès les premiers pas qu'ils firent sur ce territoire;

mais le peu d'abondance de l'or leur fit bientôt abandonner ce point. Ces mineurs explorèrent alors les terrains dans différentes directions, où leurs recherches furent encore moins heureuses. Le découragement s'empara d'eux, et presque tous abandonnèrent les recherches commencées, cependant, avec un certain succès; il est vrai qu'ils renoncèrent à ces explorations, bien plus à cause de leurs faibles ressources et de leur nombre insuffisant que parce que la nature de la contrée leur offrait peu d'espoir; je dirai même qu'ils s'éloignèrent à regret de ces vallées qui devaient probablement contenir la richesse. Un seul d'entre eux, ancien mineur d'Australie et de la Nouvelle-Zélande, un Breton, avec la ténacité particulière aux hommes de ce pays, éleva sur le terrain aurifère lui-même une petite case et continua assez longtemps les recherches. Je le retrouvai encore là au milieu de 1864, travaillant ferme, retournant la terre dans tous les sens, avec cette fiévreuse ardeur qui anime le chercheur d'or et décuple ses forces; mais quand il eût vu nos propres recherches infructueuses, fatigué enfin de vivre d'espérances et des racines que la générosité *kanake* lui octroyait, il cessa cette lutte et s'éloigna.

J'ai déjà dit qu'à cause du manque de plaines en Nouvelle-Calédonie, l'or ne pouvait y être qu'en filons. Le docteur Clarke disait en 1851 :

« Comme la Nouvelle-Calédonie et la Nouvelle-Zélande sont évidemment de simples sommets s'élevant au-dessus de la grande terre submergée, de laquelle les Cordillères australiennes sont le parallèle principal, les roches les plus anciennes de toutes ces contrées étant identiques, on ne peut presque pas douter désormais que ces deux îles ne seront ajoutées à la liste des contrées aurifères. » (*Plain statements*, by W. B. Clarke, 1851, p. 6.)

De nombreuses années se sont écoulées depuis que ce savant géologue a prononcé ces paroles, et depuis, la Nouvelle-Zélande a découvert d'abord quelques parcelles du précieux métal; l'indécision et le doute ont flotté aussi sur ce pays, puis enfin des richesses réelles et indiscutables ont été mises à jour; le travail et la persévérance avaient enfin surmonté les difficultés.

En Nouvelle-Calédonie jusqu'ici, on a été moins heureux, car le gîte aurifère de Poëbo est encore le plus important de notre colonie, et il est de beaucoup trop pauvre pour être exploité. L'or à Poëbo se trouve à 3 ou 4 kilomètres dans l'intérieur des terres; le sentier qui y conduit traverse d'abord, sur les rivages de la mer, des micaschistes grenatifères; plus loin, on rencontre quelques collines couvertes d'une argile rouge, mais si l'on creuse cette argile, on met bientôt à découvert un micaschiste entièrement chargé de grenats ferrifères dont la décomposition produit l'argile elle-même; une particularité de cette roche qui se transforme, c'est qu'elle affecte souvent la forme sphéroïde, et que, dans le centre de ces sphères, le grenat est moins abondant; il y paraît remplacé par une matière quartzeuse et pyriteuse : ces sphères, au milieu des produits argileux et tendres, dus à la décomposition, sont remarquables par leur ténacité et leur dureté; elles sont souvent recouvertes d'une couche de manganèse oxydé mamelonné.

De nombreux filons de quartz coupent ces micaschistes dans tous les sens, contenant des pyrites, beaucoup de titane rutile et de l'épidote zoïsite.

La direction des micaschistes est à peu près le nord-nord-est.

Ces collines argileuses débouchent enfin au bord d'une petite rivière torrentueuse, encaissée dans une vallée profonde, où l'on voit la couche d'argile qui renferme l'or, argile rouge, très-pâteuse, formant une couche de 10 à 12 centimètres d'épaisseur seulement; elle recouvre les berges de la rivière, mais encore sur une surface très-limitée, car l'espace qu'elle occupe n'est que le fond d'un vaste entonnoir, vers lequel viennent converger les parois des hautes montagnes environnantes ; la rivière recoupe naturellement cet entonnoir ; en amont, son lit est très-rapide, rempli de cascades ; en aval, elle passe entre deux murs verticaux assez élevés : c'est une colline, contre-fort des montagnes voisines, à travers laquelle elle s'est frayé un passage.

Le lavage de la petite couche argileuse fournit quelques paillettes d'or ; celles-ci sont aplaties, leur surface est rugueuse et ravinée comme on l'observe pour l'or des filons ; on y rencontre aussi des débris de quartz à angles vifs, enveloppés par l'argile et une forte proportion de titane rutile, de fer oxydé, pyriteux, de grenats et d'autres cristaux non encore déterminés.

De cet état actuel des choses, il paraît résulter que, pendant longtemps, les alluvions entraînées des différents points des parois intérieures du vaste cône renversé, arrivaient à la longue dans cette partie, la plus basse, où se trouvait probablement un lac avant que la rivière ne s'ouvrît un passage dans la colline qui forme l'entonnoir en aval ; là, les parties légères et terreuses des alluvions étaient délayées et entraînées par les eaux pendant que les parties lourdes s'accumulaient dans le fond ; mais que de siècles il a fallu et quelle immense quantité de roches les eaux ont dû entraîner, triturer et user pour fournir la petite quantité d'or que l'on trouve au fond de l'entonnoir, si l'on en juge par l'abondance relative dans ce fond argileux du titane rutile mélangé à l'or et sa rareté au milieu des filons de quartz environnants, de la désagrégation desquels, cependant, ce titane provient !

La couche argileuse aurifère diminue à mesure qu'elle s'approche du lit de la rivière ; enfin, elle disparaît et se trouve remplacée par les sables et les blocs roulés du torrent. Me trouvant dans ces parages à une époque de sécheresse, j'entrepris de fouiller dans le lit même de la rivière jusqu'aux micaschistes en place ; j'établis les fouilles dans le point du lit de ce torrent qui se trouvait traverser la couche argileuse aurifère, et précisément en face du point de cette couche qui avait paru le plus riche au lavage : il était certain que tout l'or de l'argile devait se retrouver mélangé aux sables de la rivière; de plus, l'action de l'eau ayant entraîné une grande quantité des terres, je devais trouver un sable plus riche après ce premier lavage naturel. En effet, dans le puits que nous pratiquions, le lavage constant des sables nous donna constamment des parcelles d'or; la couche de plus grande richesse fut naturellement la couche au contact de la roche en place; mais, quoique ce travail fut effectué dans une bonne saison, les difficultés en étaient grandes, à cause de l'invasion constante des eaux, d'une part, et d'autre part, la présence de blocs énormes au milieu de ces alluvions.

La rivière qui traverse ce gisement offre aux époques pluvieuses un courant rapide et puissant, ce qui est attesté par la nature des alluvions elles-mêmes, qui ne sont composées que de roches de grande dimension, car celles d'un faible volume sont entraînées au loin lors des inondations; d'après cela, on peut raisonnablement supposer que le fond de l'entonnoir était autrefois un lac aux eaux tranquilles, dans lequel se déposaient les alluvions aurifères; mais à mesure que le niveau de la digue descendit, les dépôts qui s'étaient accumulés dans le fond du lac furent entraînés par les eaux du torrent, qui pouvaient alors exercer toute leur action, et la plus grande partie de l'or dut s'écouler ainsi, ne pouvant, malgré son poids spécifique, résister aux influences réunies de la pente, du courant et de l'action mécanique produite par les sables et cailloux de contact que les eaux entraînaient.

Par suite, des fouilles en aval et dans le lit même de la rivière devraient amener la découverte d'un gisement plus riche; mais, comme on l'a vu plus haut, le lit de la rivière se resserre subitement pour passer entre deux berges verticales; là, à cause de la profondeur des eaux, le draguage seul serait possible; il serait bon d'essayer de ce moyen, et dans le cas où il indiquerait une richesse suffisante, on pourrait, par des barrages bien disposés, détourner, en totalité ou en partie, les eaux de la rivière et opérer alors aisément et dans d'excellentes conditions.

A Poëbo, les micaschistes sont recoupés par une roche d'un vert bleuâtre, cristalline, fortement imprégnée de grenats dodécaédriques ; cette roche, que nous retrouverons partout au milieu des micaschistes, mais avec quelques légères modifications, se compose ici, presque exclusivement, d'amphibole en masse, quelquefois bacillaire, enveloppant les grenats dont j'ai parlé.

De Poëbo à Balade. — De Poëbo à Balade, les micaschistes ont pris des allures plus uniformes ; les lavages des alluvions composant les lits ou les estuaires des différents ruisseaux ne fournissaient toujours que quelques cristaux de titane rutile et de grenats ; l'or ne se montrait que très-rarement et en bien faible quantité. A Balade, un nouvel élément est donné par le lavage des alluvions : ce sont des sables métallifères, noirs composés en grande partie de fer oxydé magnétique. A Balade aussi, les micaschistes deviennent très-quartzifères : de nombreux et puissants filons de quartz courent au milieu de ces schistes cristallisés, contenant surtout de la tourmaline noire fibreuse, des pyrites en enduits brillants, du rutile et du mica jaune d'or. Sur les hauteurs, les micaschistes ne contiennent souvent que des pyrites cubiques et sont dans un état de désagrégation constant; les paillettes de mica et les grains de quartz sont emportés par les eaux ; quant aux masses de quartz lenticulaire, elles s'accumulent en tas immenses, blanchissant ces sommets arides, que de loin on croirait couverts de neige; quant aux pyrites cubiques de fer, qui sont quelquefois assez nombreuses au milieu des micaschistes, elles sont aussi mises en liberté par la désagrégation et descendent dans le fond des ravins qu'elles tapissent quelquefois d'une couche abondante ; mais dans le trajet qu'elles accomplissent, les frottements ont changé leurs formes cubiques primitives en une forme sphéroïdale, et elles sont devenues, par la désulfuration presque complète qu'elles ont éprouvé, de véritables *limonites*.

Les micaschistes de Balade courent au nord-est ; ils sont recoupés par d'immenses filons de la roche amphibolique que j'ai signalée à Poëbo, mais ici les éruptions paraissent bien plus importantes ; moins susceptibles de désagrégation que les micaschistes, ces roches éruptives s'élèvent au-dessus d'eux sous forme de gigantesques marches d'escalier ; cette matière est ici très-cristalline et se compose essentiellement de feldspath albite, d'amphibole actinote d'un bleu verdâtre, de grenats, et enfin de micas *vert de chrome*, à grandes plaquettes ; parfois aussi on y rencontre des cristaux d'*andalousite*. Ici, cette roche a l'apparence d'agrégats d'origine éruptive.

Ces filons coupent les micaschistes dans plusieurs directions qui oscillent entre l'est et le nord-est, et par suite l'ouest et le sud-ouest. Parfois la roche éruptive pénètre les micaschistes. Ainsi, comme exemple de pénétration, au contact des deux roches, on voit des filons de quartz du micaschiste s'imprégner d'amphibole actinote bleuâtre, au point de devenir semblable à la roche éruptive, mais, plus loin du contact, l'amphibole se divise, se ramifie au milieu du quartz, en cristaux verts et soyeux ; dans d'autres cas, le micaschiste au contact voit s'interposer entre ses feuillets des éléments de la roche éruptive, le mica vert de chrome par exemple ; quelquefois aussi l'actinote bleuâtre domine à peu près exclusivement, la schistosité de la roche augmente, elle devient à grains très-fins, à feuillets très-minces ; elle a alors l'aspect d'un schiste ardoisier au premier coup d'œil. Doit-on donner un nouveau nom à cette roche fusible ou n'est-ce simplement qu'un schiste dioritique ? Les micaschistes de Balade sont associés à des stéaschistes qui sont aussi souvent mélangés de différents minéraux ; l'épidote verte y forme des géodes, parfois aussi elle s'interpose entre les feuillets du stéaschiste en cristaux allongés, verdâtres ou incolores, bien définis, et qui sont aussi de la variété zoïsite. On trouve aussi dans les stéaschistes des noyaux de fer chromé, du manganèse oxydé et des noyaux d'un silex résinoïde, très-dense, ferrugineux, manganésifère (?) et imprégné de pyrites de cuivre.

Tout à l'heure dans la description des terrains du sud de l'île, où les matières magnésiennes ont pu arriver jusqu'au jour avec abondance, on verra que le fer chromé, le fer et le manganèse qu'elles contiennent dans le nord, en petite quantité, se montre dans le sud, mais aussi en proportion considérable.

De Balade à Tiari, où la formation des micaschistes disparaît sous les flots de la mer, les stéaschistes deviennent plus abondants; ils sont quelquefois alors très-tendres, très-onctueux et les indigènes en mangent, mais en très-petite quantité, et, je crois, par suite de croyances superstitieuses attachées à cette terre, plutôt que pour s'en nourrir.

A Tiari les schistes cristallisés contiennent beaucoup de pyrites cubiques et ils prennent aussi très-souvent l'aspect de schistes ardoisiers, toujours au contact des nombreux filons amphiboliques qui les pénètrent. — Les quartz sont aussi très-abondants.

Dans l'îlot de Pam les micaschistes se relèvent identiques à ceux que nous venons de voir ; il en est de même dans l'île de Balabio, seulement ici les micaschistes se rapprochent tout à fait de ceux de Poëbo et le lavage des alluvions m'y a aussi donné beaucoup de titane rutile; il serait possible que l'or se trouvât dans les filons de quartz de cette petite île, où je n'ai pu rester que 24 heures.

Schistes cristallisés du sud. — En parcourant les *sommets* de l'île Ouen, qu'un long canal de quelques centaines de mètres sépare seul de la grande terre, on rencontre çà et là quelques traces des micaschistes du Nord ; ils reposent ici sur les éruptions serpentineuses, les masses ferrugineuses qui les accompagnent et les Euphotides. On se demande en voyant ici d'aussi faibles représentants de cette formation ancienne encore si puissante dans le nord de l'île, ce que sont devenues dans le sud ces grandes assises cristallisées depuis l'époque où les roches magnésiennes les ont ainsi soulevées ?

Il est probable qu'en parcourant d'autres sommets que forment les éruptions serpentineuses dans la région du sud, on y trouverait des restes plus considérables de la formation des micaschistes dans le sud, et ce qui vient à l'appui de cette hypothèse, c'est que j'ai rencontré dans cette région, mais seulement à l'état de cailloux roulés dans les torrents de la Grande-Terre, des fragments de stéaschistes qui, à Balade, accompagnent les micaschistes.

FORMATION DES SCHISTES SERPENTINEUX, ARDOISIERS ET ARGILEUX.

Nous avons vu que dans le Nord-Est, à l'anié, les micaschistes étaient associés à des schistes d'apparence ardoisière ; comme nous allons le voir, ils forment un des trois types d'une formation puissante en Nouvelle-Calédonie, qui sont des schistes serpentineux, ardoisiers et argileux.

Schistes de Panié. — A cause de leur position immédiate au-dessus des micaschistes, je place ici ces schistes qui s'étendent jusqu'au sud de Hienguène.

Ces schistes souvent découpés par des filons de quartz, sont en divers points plissés et contournés ; enfin ils montrent quelquefois dans leurs cassure de petits cristaux de grenat et des pyrites ; leur couleur est le gris-bleuâtre foncé ; ils développent sous l'haleine et à la râclure une forte odeur argileuse ; cependant ils sont très-facilement fusibles. — Aucun débris fossile n'a été rencontré au milieu d'eux ; ceci, joint à leur association aux micaschistes, les ferait ranger dans les étages primaires.

Schistes serpentineux et ardoisiers. — A Houagap particulièrement, mais aussi dans plusieurs autres points de l'île, ces schistes paraissent pareils à des ardoises, qui offrent encore le caractère particulier d'être fusibles.

Ces schistes phylladiens sont découpés dans tous les sens par mille fissures ; quoique en minces feuillets, qui donneraient des ardoises assez bonnes, ils sont donc trop peu réguliers pour être utilisés et exploités dans des conditions d'économie suffisantes, et les nombreuses tentatives que l'on a faites pour employer ces schistes comme téguments ont provoqué des travaux qui ont permis de constater dans ces ardoises l'absence de restes organiques; on les trouve souvent associées à des pyrites et traversées par quelques concrétions calcaires; quelques filets de quartz les recoupent aussi. — La direction de ces schistes est le Nord-Nord-Est, ils inclinent vers l'ouest; cette allure correspond à peu près au soulèvement serpentineux. — Du reste, ces ardoises reposent ici sur des schistes serpentineux dans une position qui ne permet pas de révoquer leurs corrélations ; outre la position de ces deux roches il y a leur structure qui est la même; en effet, ces deux types de schistes sont coupés dans tous les sens par des fentes, correspondant à des *surfaces gauches,* qui, dans les schistes serpentineux, sont presque toujours rayées comme par le passage d'une matière plus dure; dans ce cas, ces surfaces sont recouvertes d'un enduit plus ou moins épais de serpentine pure ; enfin, ces plans gauches découpent quelquefois dans la masse schisteuse un noyau tétraédrique assez petit, dont le faible volume est alors durci et comprimé à la suite de la compression à laquelle il a été soumis lors de l'intrusion autour de lui des matières serpentineuses éruptives.

Dans les schistes ardoisiers les phénomènes sont moins

violents, les fentes sont seulement remplies parfois d'une matière stéatiteuse blanchâtre.

— Le passage insensible de la serpentine à un schiste a été déjà observé; ainsi à Odern, dans les Vosges, elle passe à un schiste transitoire; le même fait s'observe à la Goutte-Grand-Saül près de Chagey (*).

Mais la pénétration de ces matières éruptives s'arrête à une certaine hauteur, et nous trouvons les schistes ardoisiers fendillés sous cette action puissante.

Mais, dans ce mélange intime avec les serpentines, ces schistes inférieurs ont perdu leur fusibilité, tandis que les schistes phylladiens l'ont conservée, quoique fondant déjà moins aisément qu'à Hienguène.

Schistes argileux. — Ces schistes représentent le troisième type de cette formation ; ils sont intimement liés aux schistes ardoisiers, qu'ils recouvrent toujours ; argileux, blancs-grisâtres, quelquefois rouges ; imprégnés de fer oxydulé magnétique en très-petits grains ; souvent traversés par des filons de quartz blanc compact.

Ces schistes offrent une particularité bien remarquable, c'est que, malgré leur association évidente aux ardoisiers, ils ne sont point fusibles comme eux ; cependant on pourrait attribuer leur infusibilité à ceci, c'est que, comme nous l'avons vu, les schistes fusibles de Hienguène sont imprégnés de grenats, qui s'y sont probablement formés sous l'influence de la roche amphibolique, dont les filons recoupent, comme nous l'avons vu, les micaschistes et les schistes du nord-est ; il a pu suffire de l'arrivée de cette roche fusible, au milieu de ces schistes argileux, pour les rendre eux-mêmes fusibles, ardoisiers et les colorer en gris bleuâtre. J'ai du reste observé que ces schistes ardoisiers sont toujours dans le voisinage de roches éruptives fusibles. Mais ceux d'entre ces schistes, qui n'ont pas été soumis à cette influence postérieure, sont

---

(*) *Annales des mines*, 4e série, t. XVIII, p. 348. M. Delesse, Description de la serpentine des Vosges.

restés infusibles, blancs et argileux, et sont le plus ordinairement dans les parties supérieures.

Cette série de schistes qui se serait produite d'abord sous l'influence des mêmes circonstances, se distingue par la finesse de la pâte argileuse qui la compose et son homogénéité; la surface et la hauteur de ces schistes lorsque les éruptions les soulevèrent, devaient être considérables, car, malgré leur désagrégation constante depuis cette époque, nous verrons qu'ils forment encore des couches puissantes, des montagnes très-élevées et se montrent dans une très-grande portion de l'île. La longue période de temps pendant laquelle se déposèrent ces schistes, dut être tranquille et monotone, car au milieu de la régularité parfaite de ces dépôts immenses, je n'ai jamais trouvé la trace d'une faune ou d'une flore quelconque.

Si je m'étends beaucoup sur cette série de schistes c'est qu'ils composent une très-grande partie du squelette extérieur de la Nouvelle-Calédonie ; de plus, quoique tous placés sur la côte est, dans le centre et dans le nord de l'île, ils paraissent avoir de grandes similitudes avec les *schistes feldspathiques* que nous étudierons bientôt sur la côte occidentale, qui, comme eux, ont été affectés d'abord par des éruptions porphyriques, ensuite par l'arrivée des mêmes roches magnésiennes. Une étude plus approfondie établirait peut-être encore des relations entre les éruptions amphiboliques des schistes cristallisés du nord et les éruptions porphyriques de la côte occidentale.

PARTIES DE L'ILE OU SE RENCONTRE LA SÉRIE DES SCHISTES
SERPENTINEUX, ARDOISIERS ET ARGILEUX BLANCS.

Dans le sud de l'île, au mont d'Or, à Koé se rencontrent, au contact des éruptions de serpentines, quelques schistes serpentineux, mais leurs caractères ne sont point aussi bien tranchés qu'à Houagap, leur formation est du reste fort peu étendue; il n'est cependant pas douteux que l'origine de ces schistes ne soit la même que celle des schistes serpentineux du Nord.

De Nouméa à Kanala. — Lorsqu'on traverse l'île en allant de Nouméa à Kanala, on commence à rencontrer à *Ahoui* les schistes serpentineux dans le fond des vallées et, à partir de ce point, jusqu'à Kanala, on trouve, généralement dans des vallées, des schistes serpentineux et sur les sommets les schistes argileux blancs ou rougeâtres ; toute la série étant habituellement découpée par des filets de quartz, quelquefois chargé d'épidote.

De Kanala à Ouaraï. — De Kanala à Ouaraï on traverse l'île en suivant une route assez facile, car après avoir franchi la chaîne de montagnes qui contourne la plaine de Kanala, on rencontre sur le versant opposé la source de la rivière d'Ouaraï, dont le lit offre une route suffisamment bonne dans ce pays où l'on ne voyage qu'en gravissant et descendant constamment des chaînes de montagnes. Dans ce parcours on observe aussi que le centre de l'île est presque complétement formé de schistes serpentineux, surmontés toujours par les schistes argileux ; seulement ici les roches magnésiennes éruptives percent assez souvent les terrains et se montrent à découvert.

De Ouaïlou à Houagap. — De Ouaïlou à Houagap on retrouve encore la même série de schistes ; à Ponérihouen, la variété ardoisière forme des bancs puissants ; à Amoi, au sud-sud-ouest de Houagap, les schistes argileux se montrent en chaînes considérables et très-élevées.

De Houagap à Gatope. — Les schistes ardoisiers, serpentineux et argileux se montrent sur presque tout le parcours de cette route : on les trouve à Poimbey, associés à des calcaires dont nous parlerons tout à l'heure. Au delà du centre de l'île, à Pamalé, on retrouve les schistes ardoisiers gris-bleuâtres, mais alors ils sont plissés et contournés dans tous les sens ; à Tchita, le long de la rivière de Voh, qui se déverse dans la mer à Gatop, nous retrouvons des schistes ardoisiers, quelquefois satinés, courbés dans tous les sens ; leur direction est le N. 70° O.

Bassin du Diahot et Arama. — Enfin dans le nord, la plus grande partie du bassin du Diahot et tout le territoire de la tribu d'Arama, sont composés de schistes ardoisiers et argileux ; à Arama, cette formation présente la plus grande régularité, mais au Diahot elle est souvent traversée par des stéatites et du quartz en filons.

Hauteurs de ces formations. — Cette série offre souvent des pics d'une hauteur assez considérable parfois très-effilés, tel est celui de *Nindo* à Arama, qui se présente comme une aiguille ; il est formé par les schistes argileux qui dans ce point sont relevés eux-mêmes verticalement, présentant une colonne aiguë, isolée, dont l'aspect a frappé l'imagination même des indigènes, car ils font de ce point élevé de 600 mètres environ au-dessus du niveau de la mer, un lieu consacré où ils viennent apporter des offrandes à leurs dieux.

Vient ensuite à Amoi le pic de ce nom qu'il est à peu près impossible de gravir jusqu'à son extrémité, tant il est vertical ; il a 8 à 900 mètres d'élévation.

Calcaires associés à la série schisteuse précédente. — Ces calcaires se développent surtout de Hienguène à Houagap sur une longueur de 25 à 30 kilomètres ; là ils sont placés au-dessus des schistes ardoisiers ; leur structure est souvent schisteuse, ils sont plissés et contournés dans tous les sens, et, comme on les rencontre là le plus souvent sur les rivages de la mer et baignés dans ses eaux, ils y sont alors percés et rongés par de nombreux lithophages. Ces calcaires découpés par des veines de quartz sont eux-mêmes très-durs et très-siliceux, mis dans un acide l'effervescence s'arrête bientôt, et, ce calcaire dissous, il reste un squelette siliceux conservant la forme de la portion attaquée.

Souvent aussi ces calcaires sont caverneux et se dressent au-dessus du sol en masses imposantes ; tels sont ceux de Hienguène, qui surgissent du sol ou du sein de la mer pour s'élever verticalement à 150 ou 200 mètres de hauteur ; la vue suivante est celle du fond du port de Hienguène, et l'on a donné aux calcaires A le nom de Tours Notre-Dame. Les calcaires B peuvent être traversés en suivant une grotte intérieure qui est au pied du pic (*fig.* 4, Pl. II).

Dans tous les cas ces calcaires sont un très-bel exemple de dénudation sous l'action des agents atmosphériques.

Peu après mon arrivée en Nouvelle-Calédonie, j'aperçus, en passant au lieu appelé Bangou près du village du chef Jacques Quindo, des roches calcaires dont la forme extérieure rappelait celle d'Hienguène. Je n'ai pas eu le loisir d'y revenir, mais si, comme je le suppose, elles sont identiques, elles pourraient amener par leurs relations avec les roches de la côte occidentale des éclaircissements très-importants, et cela d'autant mieux que ces calcaires ont paru aux géologues appartenir à l'étage silurien.

Les calcaires reposant sur les schistes ardoisiers à Hienguène ne sont pas les seuls que l'on rencontre dans cette position, car, en remontant la rivière de Houagap, à 15 milles environ, à Poimbey, petite tribu de l'intérieur, dont mes compagnons et moi étions les premiers visiteurs, je rencontrai un calcaire saccharoïde, rose, passant au vert et au blanc ; coupés dans tous les sens par une infinité de petits filets de quartz, ces calcaires reposent à leur tour sur des schistes ardoisiers, tandis qu'au-dessus d'eux se montrent encore des schistes argileux blancs. Tout ce système est dirigé nord-est, s'incline vers l'ouest ; ce qui est à peu près l'allure des schistes ardoisiers de Houagap.

Ces calcaires de couleur très-riante et de grain très-fin fourniraient un superbe marbre statuaire ; dans ce point où il est poli par les eaux de la rivière, il resplendit au soleil et forme un beau cadre à la chute d'eau retentissante de la Ti-Houaka, qui là, se précipite tout entière d'une hauteur verticale de 15 ou 20 mètres.

ROCHES DÉVONIENNES (?) DANS LES ENVIRONS DE NOUMÉA.

Je vais parler d'un genre de roches intimement associées aux schistes feldspathiques des environs de Nouméa; ces roches offrent un intérêt très-grand car nous en
connaissons l'âge d'une façon à peu près certaine, et ceci
d'après l'assertion suivante donnée par le docteur Clarke,
dont j'ai eu déjà souvent besoin de citer les recherches :

« ..... Je trouve une identité parfaite entre les formations
avoisinant Nouméa et celles de Bingera, dans la Nouvelle-
Galles du sud. Quelques échantillons de ces deux localités
furent placés les uns à côté des autres, et ils apparurent à
mes amis aussi bien qu'à moi-même, comme s'ils avaient
fait partie des mêmes bancs. » (*Recent geological discove-
ries in Australasia*, 1861, p. 7.)

Or les formations de Bingera, d'après les débris fossiles
qui y ont été rencontrés, ont été déterminées comme *Dévoniennes*. Il doit certainement y avoir synchronisme entre
ces deux formations situées dans les mêmes zones et dont
l'identité minéralogique est reconnue; par suite nous pou-
vons hardiment regarder ces formations comme *Dévoniennes*.

Étendue. — Parallèlement à la *grande chaine magnésienne éruptive*, c'est-à-dire dans la direction du nord-ouest,
apparaissent ces terrains composant l'ilot Charron, l'ilot de
Brun (île aux Lapins), l'île Nou, l'île Nié (aux Chèvres) et
l'île Freycinet (N'gu), la presqu'île de Nouméa et une
partie de celle de Païta. Les roches de cette formation sont
principalement des calcaires, conglomérats, poudingues,
brèches, et enfin les schistes feldspathiques. Ceux-ci, comme
nous l'avons dit, se montrent tout le long de la côte occidentale; après eux les brèches sont les roches qui se retrouvent le plus loin dans le nord et même à Kanala, sur la
côte est. Quant aux calcaires, ils sont limités aux ilots et
presqu'îles cités.

Description des roches de cette formation. — Calcaires de la pointe de l'Artillerie. — Ces calcaires qui forment toute une pointe qui s'avance dans la mer, où elle se termine à pic, sont compacts, un peu siliceux, traversés par de nombreuses veines de calcaire spathique; ils tiennent parfois des pyrites sphéroïdales, et très-souvent des noyaux de silex. Ils offrent quelquefois aussi des cavernes tapissées de calcaire concrétionné; ce calcaire n'a présenté jusqu'ici aucun débris fossile, cependant il est depuis longtemps déjà le sujet de nombreuses fouilles pour l'extraction de la pierre à chaux, etc...

Les bancs supérieurs de cette roche sont usés, mamelonnés, polis, comme par un long frottement d'eaux en mouvement ; on observe surtout cela dans le col qui recoupe la chaîne sur la route de Nouméa à la baie des Anglais ; en ce point, les calcaires paraissent s'enfoncer sous des masses argileuses qui semblent dues, soit à un produit de transport, soit, plutôt, à un certain état des brèches, dont un des éléments surtout serait en abondance et en décomposition; nous allons étudier ces brèches et voir les transitions par lesquelles elles passent.

Brèches. — Les brèches, nous l'avons dit, sont abondantes non-seulement autour de Nouméa, mais font leur apparition dans beaucoup d'autres points de l'île, affectant cependant des constitutions parfois très-diverses.

Au sujet des schistes feldspathiques, nous donnerons une coupe montrant le passage aux brèches de ces schistes; ailleurs (*fig.* 6, Pl. II), les schistes C passent d'abord à un grès A, puis aux brèches B ; ailleurs encore, dans l'île Nou, ce sont des poudingues, qui passent à des brèches; les deux roches étant accompagnées de nombreux rognons sphéroïdaux de pyrites. Ici le poudingue se compose essentiellement de silex noir et de quartz hyalin.

D'après ce que nous voyons, ces brèches paraissent toujours être la limite de roches quelquefois assez différentes ;

voici la description de quelques-unes de ces brèches, que l'on peut voir dans ma collection :

1° Échantillon représentant une brèche formée de quartz noir, de quartz hyalin et de calcaire spathique ;

2° Échantillon d'une brèche composée de quartz noirâtre, de quartz hyalin et de silex désagrégé superficiellement ; cette particularité du silex s'observe également souvent, comme nous le verrons, pour des rognons de silex et d'opale intercalés dans des serpentines, et je ne serais point surpris, quoique je n'aie pu le constater, que ces brèches à silex en décomposition ne soient, elles, postérieures aux serpentines qui leur auraient fourni cette matière qui leur est commune ;

3° Échantillon de la brèche précédente avec addition de *limonite*, qui s'isole quelquefois et forme les grandes masses d'argiles rouges ferrugineuses sous lesquelles s'enfoncent les calcaires de la *Pointe de l'Artillerie*, dans lesquelles on trouve, disséminés dans leur masse, des cristaux de gypse, lenticulaires, aplatis, rougeâtres et de la variété trapézienne.

Comme les brèches d'où elles paraissent provenir, comme les poudingues et les calcaires décrits, ces argiles contiennent aussi beaucoup de rognons sphéroïdes de pyrites et surtout des amas, globulaires aussi, mais de plusieurs mètres de diamètre parfois, de silex jaunâtre, blanc de lait ou bleuâtre. En résumé tous les éléments des brèches prennent dans certains points des proportions gigantesques par rapport à nos termes de comparaison, de telle sorte que passant successivement d'un énorme amas de silex sur un autre de limonite et ainsi de suite, on ne s'aperçoit pas, au premier abord, de la liaison de ces amas. Ainsi, on voit affleurer auprès de la *Caserne* d'immenses bancs de jaspe rouge, accompagnés de fer oligiste ; ailleurs ce même jaspe, en petits fragments, forme bien une partie composante d'une brèche ; au Mont-d'Or, à Kanala, etc., on voit le même jaspe recoupé par des filets de quartz.

Les brèches des environs de Nouméa tiennent aussi quelquefois des silex verts, d'un très-joli aspect. Ces abondantes formations de brèches sont utilisées pour la construction ; les variétés calcaires sont très-belles, prennent bien le poli et feraient des pierres de monuments.

Malheureusement en Nouvelle-Calédonie, cette formation dévonienne (?) manque tout à fait de fossiles ; pourtant, en prolongeant la ligne suivant laquelle elle s'étend on arrive à l'île *Ducos*, où apparaît une *grauwake* contenant des *brachiopodes roulés*, en abondance, mais à peu près indéterminables, même au point de vue générique ; cependant, d'après leur facies ancien, une forme ayant quelque rapport avec l'*orthisina anomala* du silurien moyen ou supérieur de Russie ; des genres voisins des *leptæna*, des *spirifères*, des *orthis* du groupe de l'*orthis lynx*, on se croirait en face d'une grauwake du silurien moyen ou supérieur.

A l'île Ducos la grauwake précédente ne s'élève que de quelques mètres au-dessus du niveau de la mer et l'on n'aperçoit pas, immédiatement au-dessus d'elle, les roches de la formation dévonienne. Mais, comme nous l'avons dit et comme on le voit sur la carte, les étages dévoniens n'apparaissent que de loin en loin dans des îlots ou des pointes de terre ; ils ont subi l'acte de la dénudation sur une grande échelle, nous en avons une preuve dans les surfaces polies et ondulées par les eaux qu'affectent les parties supérieures de ces terrains ; une deuxième preuve existe à Tongoin, sur la grande terre, un peu au sud de l'île Hugon, là se présentent des amas très-considérables d'un poudingue dont une des parties constituantes est le calcaire siliceux de l'étage dévonien (?). Ce poudingue est traversé par des filets de calcaires spathiques analogues à ceux qui, nous le verrons, accompagnent le cuivre dans cette contrée.

Trias. — Au-dessus de la grauwake précédente, à l'île

Ducos, mais séparés par des conglomérats, se trouve une
roche jaunâtre, argileuse, un peu calcaire, en assises superposées, contenant une très-grande abondance de fossiles, dont la principale est une bivalve très-voisine, ou
même identique au *monotis Richmondiana* (Deslonchamps)
et au monotis salinaria, var. Richmondiana, (Zittel; ex-
pédit. de la Novara, table VI, *fig.* 1) de Richmond île du
Sud, Nouvelle-Zélande.

Avec cette roche on rencontre aussi les fossiles suivants
qui ont été déterminés par M. E. Deslonchamps (*) :

Turbo Jouani.	Spirigera Planchesi (nov. sp.).
Astarte. (Sp. ind.).	Spirifer (sp. ind.).
Spirigera (?) Caledonia.	

Tous ces fossiles ont été trouvés dans l'île Hugon, qui
n'est séparée de l'île Ducos que par un canal de 100 mètres environ de largeur.

A l'île Ducos, au-dessus des calcaires à Avicula Richmondiana, on rencontre des rognons de calcaires magnésiens,
subcristallins, gris foncé et très-durs, renfermant une coquille triasique identique à une espèce de la Nouvelle-
Zélande, figurée par M. Zittel et rapportée par cet auteur à
l'Halobia Lomelli. Les couches qui renferment cette espèce
doivent représenter le trias moyen ou supérieur.

Enfin, dans l'île Ducos encore, à 150 mètres environ au-
dessus des calcaires à A. Richmondiana, des calcaires im-
purs, souvent remplis de grains verdâtres, renfermant une
coquille qui doit se rapporter au genre *Myoconcha* et qui
peut être considérée comme identique au *Mytilus proble-
maticus* (Zittel), provenant encore des couches triasiques
de la Nouvelle-Zélande; c'est le seul renseignement que
nous ayons ici sur l'âge de ce calcaire.

(*) *Documents sur la géologie de la Nouvelle-Calédonie*, Deslongchamps, 1864.

Ile Hugon. — Cette île, très-voisine de l'île Ducos, a, en plan, la forme d'un triangle isocèle; elle est formée d'une longue arête montagneuse, qui prend naissance dans la partie méridionale et court au nord-nord-ouest, divisant les terres en deux parties.

Les roches composantes de cette île sont principalement des bancs de calcaire à Avicula Richmondiana, des poudingues et des porphyres; ceux-ci sont très-abondants sur la côte orientale de l'île, où ils surgissent au-dessus du sol, s'échelonnant par gradins à la manière des trapps, se découpant parfois en prismes immenses; parfois ils prennent ici la structure bréchoïde, que nous retrouverons à l'île Ducos accompagnant le cuivre et nous désignons ces roches sous le nom de *Mélaphyres bréchoïdes* (*).

Ile Ducos. — Une des plus vastes îles, entourant la Nouvelle-Calédonie, est l'île Ducos; elle est principalement formée de calcaires, poudingues et porphyres; nous venons de voir combien d'intérêt présentent les roches stratifiées de cette contrée, à cause des fossiles caractéristiques qu'elles contiennent et de la similitude de ces fossiles avec ceux de Richmond dans le sud de la Nouvelle-Zélande.

Les porphyres sont d'un autre côté fort intéressants, car ils se présentent sous des aspects nouveaux; ils soulèvent les calcaires à Avicula Richmondiana, de façon que ceux-ci sont dirigés du côté du nord-est et s'inclinent vers le nord-ouest. Le porphyre le plus répandu est compact, tenace, à retraits prismatiques, d'un bleu rougeâtre avec grands cristaux de feldspath, etc., contenant, çà et là disséminés dans sa masse, des cristaux de fer oxydé rouge.

Ce porphyre se montre sous divers aspects, tantôt il contient de grands cristaux de feldspath oligoclase, qui,

____

(*) J'ai rencontré aussi dans cette île de très-beaux échantillons de gypse; il serait intéressant d'en étudier les gisements.

parfois, se décompose lui-même; le porphyre devient alors grenu et friable. Enfin, ce porphyre passe à une wake, souvent accompagnée de zéolithes; sa masse est remplie de globules ferrugineux et affecte elle-même la forme sphéroïdale; cette wake devient aussi quelquefois amygdalaire, se charge de zéolithes, pendant que sa masse est découpée par des filets de quartz et de calcaire spathique à clivages rhomboédriques.

On voit encore le passage de ces porphyres à un mélaphyre bréchoïde; ceux-ci, en se décomposant, donnent une roche onctueuse, tendre, argileuse, d'un aspect tout à fait spécial.

C'est au milieu de ces wakes et de ces porphyres que se rencontre le *cuivre*, tantôt imprégnant un porphyre à texture compacte, tantôt en filon dans les wakes.

Dans le premier cas, le porphyre cuprifère est bleuâtre, à texture compacte, fort imprégné de limonite et de fer oxydulé; ce porphyre est en sphéroïdes de 1 à plusieurs mètres de diamètre, reposant dans un porphyre en décomposition, argileux, tendre, rouge, mais ne semblant pas du tout lui-même cuprifère. Dans ces sphéroïdes, le cuivre est à l'état de cuivre natif, carbonaté, oxydulé, pyriteux, etc.

Dans le deuxième cas, le cuivre est en petits filons ou nodules dans une wake; les filons sont principalement composés de chaux carbonatée spathique et la wake elle-même est imprégnée de ce minéral. Ici, le cuivre est principalement oxydulé, carbonaté bleu et vert.

Ces wakes à filons cuprifères ne sont séparées du premier mode de gisement du cuivre que par une épaisseur considérable de porphyres.

M. Rivot, ingénieur en chef des mines, qui a visité les mines de cuivre si importantes du lac Supérieur, à l'aspect des divers échantillons des filons cuprifères et des porphyres de la Nouvelle-Calédonie, m'annonça que la ressemblance avec ceux du lac Supérieur était telle qu'il aurait cru qu'ils provenaient de cette dernière contrée, si je ne lui eusse annoncé qu'ils venaient de notre colonie : « Dans tous les cas, a-t-il ajouté, c'est de cette manière que le cuivre se présente *aux têtes des filons* du lac Supérieur, et d'après ces seuls indices, on doit s'attendre, par des recherches, à découvrir dans ces points un gisement de cuivre exploitable. »

Dans le nord de l'île Ducos, on rencontre des assises d'un calcaire gris de fumée contenant de petits noyaux verts, tendres, qui paraissent être de la glauconie; à la loupe, ces calcaires semblent formés à la manière des brèches. Les calcaires sont en bancs stratifiés et associés à des poudingues contenant les mêmes rognons verts de glauconie (?).

Sur la côte occidentale de cette île, surtout, se montre un porphyre euritique vert, très-analogue à une espèce que nous signalerons plus tard dans les terrains carbonifères.

ROCHE FELDSPATHIQUE SCHISTEUSE SUR LAQUELLE REPOSE
LA FORMATION CARBONIFÈRE
DE LA CÔTE OCCIDENTALE DE LA NOUVELLE-CALÉDONIE.

J'arrive maintenant à un genre de schistes sur lequel repose ordinairement la formation carbonifère de la Nouvelle-Calédonie, et qui s'étend sur la côte occidentale, depuis le flanc nord-ouest du Mont-d'Or jusqu'à Koumac, suivant régulièrement le rivage, quoique interrompu parfois par des soulèvements magnésiens divers, qui, traversant les schistes feldspathiques, ont pu arriver jusqu'à la surface, où ils s'élèvent en montagnes arrondies ou bien s'étendent en petites chaînes.

Les schistes feldspathiques, comme je l'ai déjà dit plus haut, paraissent être en relation très-intime avec la série de ceux que j'ai déjà examinés; comme les schistes ardoisiers, ils sont très-facilement fusibles, mais cette fusibilité leur vient ici de leur intime association à des *porphyres euritiques* que l'on retrouve à chaque pas faisant éruption au milieu de ces terrains sédimentaires : un deuxième rapprochement c'est que cette formation si étendue s'est toujours montrée privée de fossiles, à part cependant un cas exceptionnel dont je parlerai dans la description des terrains carbonifères. Enfin le dernier et meilleur argument c'est que, lorsqu'on s'avance de la côte ouest vers la côte est de l'île, on voit toujours les collines ordinairement basses, formées par des schistes feldspathiques, se recouvrir, en s'élevant, des schistes argileux blancs de la section que j'ai décrite tout à l'heure. Ce fait s'observe nettement sur la route de Nouméa à Kanala, aux environs du *Pic Ouitchambo*, dans la tribu de Bouloupari, et, en allant de *Gatop* (côte O.) à Houagap (côte E.), le long de la rivière de Voh, un peu avant d'arriver au village de Tchita.

Description de la roche schisteuse feldspathique. — Je vais maintenant décrire ces schistes feldspathiques et indiquer les différentes structures qu'ils affectent.

Cette roche schisteuse est très-feldspathique, par suite fusible ; sa structure est telle, dans la plupart des cas, qu'on ne saurait, suivant moi, l'expliquer que par un état de fusion pâteuse, ou même complète, par lequel aurait passé cette roche. Ainsi, quoique la stratification en soit encore parfaitement dessinée, ces schistes sont presque partout découpés par des lits, plus ou moins inclinés au plan des strates, parallèles, que l'on prendrait quelquefois de prime-abord pour la stratification véritable, mais qui ne sont que les fissures de retrait formées pendant le refroidissement de la roche. Enfin, en examinant un jour avec attention une tranchée faite dans ces schistes dans la ville de Nouméa, j'entrevis dans cette coupe des oscillations identiques à celles qu'éprouverait une masse très-pâteuse, à demi-liquide, que l'on mettrait en mouvement et qui, pendant cet acte, achèverait de se condenser, en conservant néanmoins les formes ondulées que le mouvement lui avait fait prendre.

La couleur qu'affectent ces schistes varie du gris au brun noirâtre ; ils ont été traversés par d'abondantes vapeurs métallifères qui se sont souvent déposées en un enduit noir bleuâtre sur la surface de tous les feuillets schisteux.

Comme je l'ai dit, ces schistes sont découpés par des fissures de retrait ; quelquefois encore, comme on l'observe sur la route de Nouméa au pont des Français, les fissures de retrait deviennent de larges fentes, qui se sont postérieurement remplies de débris entassés. La *fig.* 5, Pl. II, est la vue d'une tranchée de la route de Nouméa au Pont-des-Français. A est la fente, BB sont les schistes feldspathiques, et ici nous sommes précisément en un point où leur structure sphéroïdale s'est le plus développée. Ces sphéroïdes, dont quelques-uns ont ici plus de 1 mètre de diamètre, sont composés de couches minces concentriques qui s'exfolient en se décomposant au contact de l'air. En ce point qui est au bord de la mer, le rivage est garni de ces sphéroïdes qui ont roulé les uns sur les autres, après avoir été débarrassés du ciment qui les reliait. Les calottes extérieures en décomposition sont tendres et fragiles, mais l'intérieur est très-dur, très-tenace, bleuâtre, pyriteux et passe à un véritable porphyre euritique avec cristaux de feldspath orthose. Ici, comme dans un très-grand nombre de points, le porphyre lui-même a fait son apparition au milieu des schistes, et ceux-ci sont si bien transformés que souvent on a grand peine à s'apercevoir que l'on n'est plus en face de la roche sédimentaire, mais bien de la roche éruptive ; la coupe *fig.* 6, Pl. II, nous en montre un bon exemple, je l'ai prise à Koé où on la voit sur la route qui conduit de l'habitation de M. Joubert à celle de M. Duboisé : A est un banc de porphyre euritique qui a 1^m,50 environ de *puissance ;* ce porphyre en B se décompose *sur place ;* mais nous reviendrons plus tard sur ces roches plus récentes. Disons cependant ici que ce porphyre est tenace, à cassure compacte et blanche; mais, à cause de la grande quantité de pyrites qu'il contient, il bleuit bientôt fortement, et, par degrés insensibles, passe à la roche schisteuse sphéroïdale, fusible, que nous voyons en C.

Une autre transformation remarquable des roches qui nous occupent est celle que l'on voit nettement à Nouméa dans le chemin qui, conduisant aux établissements de l'artillerie, a été taillé dans le flanc de la montagne qui borde, en ces points, la mer. Dans la *fig.* 7, Pl. II, les bancs *a* sont les schistes sphéroïdes ordinaires; les bancs *b* offrent des sphéroïdes porphyriques; dans les bancs *c*, les sphéroïdes s'allongent, envahissant le ciment qui tend à disparaître; mais ici la nature porphyrique du banc a subi un changement important, car, en divers points, les cristaux et la pâte d'eurite sont remplacés par des noyaux accolés à angles vifs, qui sont de véritables brèches; ces nids de brèches ou bréchiformes augmentent au contact du banc *d*, et enfin en *d*, sont devenus un véritable banc de brèches calcaires, dont les formations, souvent puissantes au milieu des terrains carbonifères, nous occuperont plus tard.

Dans les Vosges, le porphyre brun donne aussi l'exemple du passage d'un porphyre à une brèche.

Position relative des schistes feldspathiques. — Ces schistes, comme je l'ai dit, se rencontrent toujours à la base des terrains carbonifères. La *fig.* 8, Pl. II, est une coupe prise aux environs de l'habitation de M. Joubert à Koutio-Kouéta, c'est un chemin qui a découvert ces affleurements charbonneux sur une hauteur de 2 mètres environ; les inclinaisons sont à peu près verticales. Les trois bancs *b*, *d*, *f* sont composés d'un combustible pulvérulent très-impur, reposant sur des schistes de couleur violette ou grise, qui paraît leur être survenue après la perte des matières bitumineuses qui les coloraient en noir, sous les influences calorifiques auxquelles ce système a été soumis, comme nous le verrons, au voisinage des éruptions de porphyres.

LIMITES ET ASPECT DU TERRAIN CARBONIFÈRE DES ENVIRONS DE NOUMÉA.

SES RELATIONS AVEC LE TERRAIN CARBONIFÈRE DU NORD DE L'ILE.

Si d'un point un peu élevé de la presqu'île de Nouméa, où est bâtie la ville de ce nom, on regarde l'intérieur des terres, c'est-à-dire le nord, on aperçoit d'abord une série de collines mamelonnées, disposées sans ordre visible, réunies quelquefois par des contre-forts ; puis, en dernier plan, le rideau de hautes montagnes qui forment la *grande chaîne éruptive*, s'étendant du mont d'Or à Saint-Vincent, et dont la ligne de faîte, dirigée assez régulièrement nord 45° ouest et sud 45° est, est en moyenne à 600 mètres au-dessus du niveau de la mer ; quelques pics arrondis et effilés s'étendent cependant à des hauteurs considérables : tel est celui que l'on désigne sous le nom de *dent Saint-Vincent*, ayant 1,547 mètres.

Les brises de mer qui, dans ces régions, viennent le plus souvent de la partie sud, se heurtent contre cette haute barrière ; les courants d'air, chargés et saturés de vapeur d'eau, montent en glissant le long des pentes, arrivent avec une certaine vitesse au sommet et s'écoulent ensuite librement ; mais, dans ce trajet, l'air subit une diminution de température qui, d'après quelques expériences, paraît être de 1 degré pour 150 mètres d'élévation ; alors les vapeurs se condensent et forment sur ces montagnes des nuages à peu près constants, au-dessus desquels apparaissent cependant presque toujours les sommets des pics les plus élevés. De cette réunion de circonstances résultent sur ces sommets des pluies journalières, qui forment de nombreux torrents, lesquels, pour se créer des lits, ont profondément échancré les flancs de ces montagnes.

La *grande chaîne*, ce sont des éruptions magnésiennes ; à ses pieds, les collines sont les schistes feldspathiques et les formations carbonifères ou celles qui leur sont associées ; ces dernières roches, du mont d'Or à Saint-Vincent, forment une bande allongée de 3o milles environ de longueur, mais dont la largeur, très-variable du reste, ne donne pas une moyenne de plus de 3 à 4 milles.

Les terrains carbonifères qui, à la Toutouta, paraissent réduits aux schistes feldspathiques, doivent cependant bientôt reparaître, car on les retrouve à Ouaraï, formant encore des collines peu élevées sur le flanc des montagnes magnésiennes et sur les bords de la mer. La formation ici se compose principalement de grès rougeâtres.

Au delà d'Ouaraï, la côte occidentale défendue par de nombreux bancs madréporiques qui s'étendent du rivage à une certaine distance dans la mer, rendant l'atterrissage impossible dans la plupart des cas et toujours très-dangereux ; aussi toute cette côte, d'Ouaraï à Koumac, était-elle restée à peu près complétement inconnue aux Européens jusqu'en 1865, époque à laquelle on en commença l'hydrographie ; c'est alors que les circonstances m'amenèrent à poursuivre mes recherches de concert avec l'officier de marine, M. Banaré, chargé de l'hydrographie de ces parages si peu connus, et que les naturels de cette côte inhospitalière purent surprendre, tuer et dévorer cinq des hommes qui faisaient partie de l'expédition.

Depuis Koné jusqu'à l'extrémité nord-ouest de l'île, je n'ai retrouvé que les schistes feldspathiques, mais pas de terrain carbonifère proprement dit ; le seul point où j'ai de nouveau rencontré ces formations est situé dans la vallée de Diahot ; mais elles y sont peu développées.

ROCHES COMPOSANT LE TERRAIN CARBONIFÈRE DE LA NOUVELLE-CALÉDONIE. — AGE DE CE TERRAIN.

Les roches associées au charbon minéral en Nouvelle-Calédonie se composent essentiellement de schistes, de

grès et de porphyres, et, ce qu'il y a de plus remarquable,
c'est que ces roches elles-mêmes offrent une très-grande
ressemblance avec celles qui, en Europe, caractérisent le
terrain carbonifère proprement dit; ainsi là, comme dans
nos terrains houillers, nous avons des grès feldspathiques,
l'*euritine* et le porphyre euritique, enfin les schistes et le
charbon.

Mais ces ressemblances pétrologiques fréquentes ne sont
jamais regardées comme décisives; les échantillons de
plantes fossiles et de mollusques furent examinés, les premiers par M. Brongniart, les seconds par M. le vicomte
d'Archiac.

Opinion de M. Brongniart et de M. d'Archiac. — Les
plantes se composent de fragments de tiges et de pétioles
aplatis par la compression et sont à peu près indéterminables, néanmoins on peut dire qu'elles offrent beaucoup
d'analogie avec ceux, très-mal conservés aussi, que l'on
rencontre au milieu des anthracites de la Mayenne et qui
ont été classés dans l'étage du dévonien supérieur.

Cette opinion de M. Brongniart cadrerait avec celle du
docteur Clarke, qui m'écrivait que ces plantes de la houille
calédonienne ne sont probablement pas de l'âge de celles
de la houille de la Nouvelle-Galles du sud; mais que, se
trouvant associées aux mêmes roches qui, à Bingera, ont
été démontrées dévoniennes, roches, dans ce point, aussi
accompagnées de couches de charbon, il était présumable
que la houille calédonienne était de l'étage dévonien.

Des études stratigraphiques *sûres* auraient bientôt éclairci
cette question, mais elles sont difficiles dans ces pays bouleversés dans tous les sens par des soulèvements divers;
cependant, en un point je pus rencontrer, à stratification
discordante, au-dessus des brèches et poudingues dévoniens (?) de Nouméa, des schistes fusibles, feldspathiques,
ferrugineux, noduleux et très-semblables à ceux que nous
avons décrits, quoique se montrant ici *plus jeunes* par leur

position ; ces schistes à leur partie supérieure étaient très-coquillers et surmontés des schistes carbonifères avec un peu de charbon minéral ; or, l'inspection de ces fossiles, faite par M. le vicomte d'Archiac, les fit placer dans le Lias et ce qui vient corrober ce fait fut la présence au milieu d'un des bancs charbonneux de deux espèces de nucules, dont l'une est identique à la nucula hameri du *Lias supérieur*.

Les schistes (*) coquilliers se rencontrent à Koé, en remontant la petite rivière d'Houa-Ourou, qui traverse la propriété de M. Pascal ; quant aux *nucules*, elles sont aussi à Koé, mais dans la couche d'anthracite que le Gouvernement fit explorer en 1862 et 1863.

Énumération des fossiles du schiste feldspathique. — M. Munier avait bien voulu se charger d'examiner quelques-uns des fossiles de la Nouvelle-Calédonie ; en brisant les schistes de Houa-Ourou, pour dégager les individus et avoir de meilleurs types, il découvrit plusieurs espèces nouvelles et voici la description qu'il en fait :

« Ces schistes renferment une grande quantité de mol-
« lusques qui sont en général très-comprimés et dont il
« est bien difficile de voir nettement les caractères ; cepen-
« dant, en brisant une certaine quantité de la roche on arrive
« à se procurer des échantillons qui permettent une étude
« exacte et j'ai pu y reconnaître 3 espèces infraliasiques :

« 1° Une huître que je rapporte à l'Ostrea Sublamellosa
« de Dunker.

« 2° Une petite coquille bivalve peu allongée, ressemblant
« superficiellement à une Astarte et au Teniadon Précursor,
« de l'Infralias, mais n'appartenant à aucun de ces deux
« genres.

« En étudiant la charnière au moyen de contre-em-
« preintes j'ai pu reconnaître deux dents latérales et m'as-

(*) Ces schistes sont fusibles en vert presque transparent.

« surer qu'elle devait se rapporter au genre *Pellatia* que
« j'avais proposé pour une coquille découverte par M. Pellat,
« dans l'Infralias, et très-commune en Bourgogne. Je nom-
« merai cette nouvelle espèce du nom de M. Garnier, *Pel-
« latia Garnieri.*

« 3° Un Cardium nouveau que j'appelle *Cardium Caledo-
« nicum.*

« 4° Un Turbo très-commun, mais malheureusement in-
« déterminable au point de vue spécifique. »

D'après ces déterminations on peut donc ranger ces
schistes dans l'Infralias et la présence de la Nucula Hameeri
dans les dépôts charbonneux, les ferait ranger dans le *Lias
supérieur.* La seconde variété de nucule, qui accompagne
celle-ci, est un peu différente, plus petite, aplatie; elle n'est
pas encore déterminée.

Cet âge du charbon Néo-Calédonien correspondrait avec
celui attribué par le professeur Mac Coy (*) à la houille de
la Nouvelle-Galles du sud, située, d'après lui dans les terrains triasiques et jurassiques avec le belemnites gigan-
teus; ce qui indiquerait sa présence dans l'oolithe inférieure.
En Nouvelle-Calédonie, le charbon minéral se présente de
deux manières différentes, qui feraient presque supposer
deux âges différents de formation; je vais décrire ces deux
genres:

1° Mine de charbon de Karigou :

Le premier genre est caractérisé par le gisement de Karigou, à Koé.

A Karigou, le charbon est une anthracite intercalée dans
des schistes et un grès feldspathique (A) identique, comme
je l'ai dit, au grès du terrain carbonifère; l'inclinaison dans
les couches B (Pl. II, *fig.* 9) devient presque verticale ; en C,

---

(*) *Esquisse sur l'histoire naturelle ancienne et moderne de la
colonie Victoria* par Frédéric M'Coy, professeur de sciences na-
turelles à l'université de Melbourne.

de l'autre côté de la *faille*, l'inclinaison est faible. La direction de ces couches est le N. 45° O.

La pointe angulaire D de schistes est probablement un *rejet* dont on ne voit ni l'autre partie ni la *faille*.

Les schistes sont parsemés de petites bivalves et de débris de plantes indéterminables; ils sont fusibles, noirs, très-pyriteux, ont l'aspect d'une boue feldspathique durcie.

Voici la nomenclature des différentes variétés d'anthracites et de charbon minéral de Karigou :

1° Anthracite brillante et fendillée;
2° Anthracite à retrait prismatique;
3° Anthracite à fissures tapissées de calcaire;
4° Anthracite spathique et souvent quartzifère;
5° Anthracite la même, en masse;
6° Anthracite en masses noduleuses;
7° Porphyre pétrosiliceux soulevant les bancs de charbon à Karigou;
8° Porphyre à retrait prismatique;
9° Porphyre avec cristaux de quartz pyramidés, prismés;
10° Silex caverneux dans les couches carbonifères, au contact des porphyres de Karigou.

Dans le voisinage de la mine de Karigou et parallèlement à ses couches carbonifères, se montre à la surface du sol un filon de porphyre euritique. Cette roche qui soulève ces dépôts de charbon est aussi la cause de leur transformation en anthracites; c'est elle qui a donné à ce combustible la forme tantôt prismatique, tantôt cellulaire; c'est elle qui quelquefois encore fait passer le combustible à un état graphitoïde et a développé au milieu de sa masse des veinules de spath calcaire et de nombreux cristaux de quartz.

Au milieu des schistes et de l'anthracite, on trouve en abondance le phosphate de fer, couvrant d'un enduit bleuâtre la surface des roches et du charbon.

Importance industrielle de la mine de Karigou. — Les

bancs d'anthracite de Karigou étaient, après de nombreuses recherches, les affleurements qui avaient la plus belle apparence. Je fis pratiquer dans ce lit une galerie en direction, dont la largeur de 1^m,40 occupait la largeur des schistes et bancs charbonneux, ceux-ci étaient au nombre de trois, d'une épaisseur de 0^m,20 environ, séparés par des couches de schistes de 0^m,30. Les schistes formant le *mur* des bancs, c'est-à-dire leur partie inférieure, sont durs, pierreux, contiennent peu de matières charbonneuses: c'est le contraire pour ceux intercalés entre les bancs d'anthracite; ils sont remplis de petits filets de charbon, mais trop faibles pour être recueillis; quant aux schistes du toit, ils sont imprégnés de pyrites, de matières charbonneuses et de débris de plantes carbonisées. Tous ces schistes paraissent avoir été à l'état de banc vaseux que l'action métamorphique a durci; aussi on observe moins dans leur structure des couches distinctes que des fendillements sans règle produits par le retrait considérable qui a dû avoir lieu sous l'influence de la chaleur; certains de ces bancs de schistes contiennent des masses ovoïdes éminemment dures, fusibles comme les schistes eux-mêmes, pyriteuses et séparées par des plans parallèles plus ou moins distincts et perpendiculaires au plus grand axe. Ces différentes parties se séparent facilement suivant ces plans, dont le vide est quelquefois rempli par des cristaux de quartz et de chaux carbonatée colorée par des matières bitumineuses. Des bancs de grès euritique s'intercalent aussi au milieu des schistes, et sont eux-même imprégnés de matières charbonneuses.

Une galerie à travers bancs, prenant son origine à 20 mètres de l'entrée de la galerie de direction et recoupant les couches du toit rencontra les schistes feldspathiques sur une longueur de 3^m,50; là se trouvait un banc d'anthracite de 0^m,15 d'épaisseur, immédiatement suivi par un petit lit de chaux carbonatée fibreuse, à fibres perpendiculaires au plan des couches ; au-dessus un lit de schistes très-argileux avec empreintes nombreuses de bivalves indéterminables, enfin les grès.

A 40 mètres d'avancement, dans la galerie en direction, les couches subirent des étranglements qui firent presque disparaître l'anthracite ; cette circonstance, jointe à la mauvaise qualité du combustible, détermina à abandonner les recherches. En effet, cette anthracite est toujours mélangée à une très-grande quantité de schistes et de matières terreuses, qui la rendent trop impure pour être utilisée.

Autres gisements analogues à Koé. — Si l'on remonte les ruisseaux nombreux qui descendent de la grande chaîne et viennent se jeter dans la rivière de Dumbéa, après avoir arrosé les plaines de Koé et Koutio-Kouéta, ou bien encore ceux qui arrosent la plaine de Saint-Louis, on les voit prendre leur source dans les roches d'éruption magnésiennes, puis rencontrer bientôt des schistes noirs, parfois ardoisés, tenant quelquefois d'énormes troncs d'arbres : ces débris sont silicifiés. Enfin en dessous arrivent les schistes anthraciteux dans les grès feldspathiques. Ces couches ont presque toujours subi, comme nous l'avons vu à Karigou, de violentes convulsions. La *fig.* 10, Pl. II, est la coupe, à Koé, des lits anthraciteux à *Nucula Hameri*.

Les grès feldspathiques sont souvent associés à des poudingues ; à Saint-Louis il sont exploités comme pierre de construction, et l'on trouve souvent, disséminées dans leur masse, des particules charbonneuses. Ce grès contient parfois des fragments de tiges d'arbre tout imprégnés de pyrites.

Roches associées aux schistes carbonifères. — Les schistes immédiatement placés au-dessus des couches anthraciteuses tiennent parfois des filons assez importants de quartz noir, et, plus rarement, des feldspaths blancs. En second lieu, vers le haut du ruisseau de Scho, parallèle à celui de Karigou, on rencontre au milieu des schistes des

filons de sulfate de baryte fétide; enfin des bancs considérables d'un quartz caverneux, recoupant quelquefois les
schistes, qui pourrait très-bien être utilisé, comme on le
fait en Europe pour les soubassements d'édifices.

J'ai dit que le charbon minéral se présentait de deux
manières. Je viens de décrire la première, quant à la seconde, je vais en parler au mont d'Or, où elle forme type.

Gisement du mont d'Or. — Le gisement occupe le pied
du flanc nord-ouest du mont d'Or, et de là remonte aussi
vers le nord-ouest, où nous le retrouverons; le charbon est
placé, en nids plutôt qu'en couches, au milieu de grès arénacés, très-friables qui, à cause de leur faible cohésion, disparaissent tous les jours; déjà ils ne subsistent plus que par
places assez rares, formant des successions de collines
basses, placées au contact des roches éruptives qui les ont
durcies, empêchant ainsi la dénudation de ces derniers ves-
tiges d'une formation autrefois peut-être puissante. Cependant, ce qu'il y a de remarquable, c'est que le charbon
minéral n'a que très-rarement subi les métamorphismes
que nous venons d'observer à Karigou; il se compose d'une
houille bitumineuse flambante, assez impure, souvent pulvérulente, et l'on ne remarque, au milieu de ce genre de
gisement aucun débris organique; très-rarement on voit ce
charbon reposer sur des schistes argileux. La coupe (Pl. II,
fig. 11), prise au mont d'Or, y montre la situation ordinaire
de la houille au milieu des grès. On voit que cette houille
s'y trouve enclavée dans le grès, dont elle enveloppe elle-
même parfois de petits amas; il semblerait que la houille a
été transportée avec les sables, et s'est déposée là en même
temps qu'eux. L'impureté de ce combustible, son état ordinairement pulvérulent, l'absence de plantes fossiles, con-
firmeraient, jusqu'à un certain point, la formation par
transport de ces amas; néanmoins, ici comme à Karigou,
ce grès a été affecté par des soulèvements éruptifs, et l'on
en voit bien un exemple à l'îlot au charbon (N'dé), situé en

face du mont d'Or, et où l'on peut se rendre à pied à mer basse. Là, les bancs de grès arénacés carbonifères sont au contact de la roche éruptive, et certaines parties du combustible sont durcies, anthraciteuses ; c'est là néanmoins que le *Prony*, bateau de guerre à vapeur, put autrefois exploiter une certaine quantité de combustible qu'il utilisa avec assez de succès. Il est probable que cet *aviso* opéra l'extraction du charbon contenu dans un amas assez développé au milieu des grès ; aujourd'hui on ne rencontre plus que quelques filets d'anthracite au contact des roches d'origine ignée. Sur cet îlot on trouve aussi des dépôts horizontaux récents d'argile, de 10 mètres d'épaisseur environ, et des grès argileux à grains très-fins, alluvions qui proviennent certainement en grande partie de la décomposition des grès carbonifères et qui ont pu se déposer sur cet îlot, que sa composition a seule préservé de la destruction.

Le charbon du mont d'Or avait autrefois fait concevoir de grandes espérances à des hommes optimistes et peu au courant des gisements de houille ; mais le peu d'étendue du terrain carbonifère, qui remonte, d'un côté, jusqu'à une très-faible hauteur le flanc d'une montagne éruptive, et de l'autre côté, s'enfonce avec elle aussitôt dans la mer ; la qualité médiocre du combustible, son peu d'abondance, auraient dû être des raisons pour s'opposer aux dépenses qui ont été faites en ce point.

Comme témoignage de la destruction constante de ces formations arénacées, on rencontre à chaque pas sur le rivage, des fragments arrondis et roulés de cette houille légère que la mer rejette sur ses bords.

Ces gisements au mont d'Or sont aussi accompagnés de porphyres euritiques.

Plaine de Saint-Louis. — Du mont d'Or jusqu'à la plaine de Saint-Louis, on observe le long de la mer, les collines de grès carbonifère alternant avec des *eurites*. Enfin, dans la plaine de Saint-Louis, nous trouvons, à la gauche du pont que l'on traverse en arrivant de Nouméa à la *Mission*, sur la rive droite du ruisseau, un banc de charbon, au milieu de schistes décomposés et de grès; mais cet affleurement est à peine élevé de quelques mètres au-dessus du niveau de la mer, son épaisseur n'est que de o^m,3o environ et son analogie avec le charbon du mont d'Or, laissent peu d'espoir sur sa qualité et sa continuité.

Si l'on remonte la rivière de Saint-Louis on voit que ces bancs reposent sur le grès feldspathique.

En allant de Saint-Louis au Pont-des-Français la route circule sur les grès arénacés blancs devenant rougeâtres, quand, ce qui arrive parfois, ils sont découpés par des veines de matières ferrugineuses; toujours au milieu de ces grès se rencontrent quelques lignes noires pulvérulentes, indiquant la houille. Jusqu'à Koé on rencontre ces grès qui, du reste, se remarquent de fort loin; car, dans un état constant de désagrégation, ils ne permettent pas à la végétation de prendre pied sur eux; ils forment donc des masses blanches que l'on aperçoit de loin, au milieu de la verdure qui recouvre la contrée.

A Koé, au bord de la rivière *Anoundo* on rencontre un amas considérable de ces grès, et, ce qu'il y a de plus remarquable en ce point, c'est que les roches magnésiennes ont percé les terrains sédimentaires, formant un îlot au milieu d'eux. Le long du ruisseau Anoundo on trouve des grès passant aux poudingues et aux brèches, analogues à ceux que nous avons décrits à Nouméa, au-dessus sont des schistes carbonifères intercalés dans des grès, dirigés N. 45° E. et inclinés vers le nord. Ils contiennent des empreintes et débris de plantes.

A Koé même, auprès de l'habitation de M. Joubert un chemin coupe des grès arénacés au milieu desquels se distinguent des veines charbonneuses jaunâtres; elles ont dû acquérir cette couleur sous l'influence calorifique des porphyres, qui ont distillé leurs parties bitumineuses; quant aux grès ils présentent une particularité remarquable; ils sont très-blancs et presque essentiellement composés de petits cristaux de quartz hyalin prismés et pyramidés, très-délicats et n'offrant pas la plus petite usure ou cassure, indiquant qu'ils aient été transportés. Lorsque la pluie survient et lave ces abondants cristaux qui jonchent le sol, on voit le sentier étinceler et scintiller sous la lumière du soleil qui est réfléchie par leurs nombreuses facettes, si bien conservées. Le docteur Clarke cite un grès semblable au *grand hawksburg*, mais celui-ci paraîtrait avoir été formé sur place par transmutation.

Sur la route de Koé à Païta ces mêmes gisements charbonneux se répètent souvent, dans les mêmes conditions, au milieu des sables arénacés qui, là aussi, forment une série de collines arrondies qui dominent la plaine de Païta.

La hauteur de ces collines diminue à mesure que l'on s'approche de la mer; cela s'explique facilement, car les agents atmosphériques ont une puissante action sur ces roches de schiste argileux ou de grès arénacés et les ont désagrégées en parcelles que les nombreux cours d'eau qui traversent la contrée dans tous les sens entraînaient à mesure; toutefois les portions de ces terrains sédimentaires les plus rapprochées des soulèvements porphyriques ont été transformées et durcies par eux; là, le grès friable est devenu dur et compact; le schiste tendre, de l'ardoise; la houille, de l'anthracite; toutes roches sur lesquelles les agents destructifs de la nature ont eu peu d'influence; aussi forment-elles encore de hautes montagnes, tandis qu'à Saint-Vincent, point plus éloigné des roches éruptives et où jadis les mêmes roches carbonifères devaient s'élever à une égale hauteur, il n'existe actuellement qu'une grande plaine. Ce qui confirme ces faits, c'est que, si l'on examine la constitution des chaînes qui s'étendent aux pieds des *monts Koghi*, ainsi que les pointes qui s'avancent le plus dans la mer, on s'aperçoit bientôt que leur axe ou arête est formé par un filon de porphyre euritique qui a empâté et retenu autour de lui les terrains les plus voisins, les ayant rendus moins susceptibles de désagrégation.

A l'extrémité de la plaine de Saint-Vincent, dans le haut de la rivière d'Ouenghi et au-dessus du village d'Ouenghi, on retrouve les terrains carbonifères avec affleurement de charbon. Je n'ai malheureusement pas eu le temps ni les moyens de faire une exploration régulière de ces parages, car c'est là où, grâce à l'éloignement des éruptions magnésiennes et à la moins grande abondance des porphyres, on aurait des chances pour trouver la houille non transformée et des couches régulières.

Porphyre soulevant le terrain carbonifère. — Ces porphyres firent leur apparition au milieu des terrains carbonifères avec une grande abondance, s'épanchant de toute part au milieu d'eux ; en certain point cette roche éruptive paraît s'être transformée pour ainsi dire instantanément en *euritines* ou grès euritiques, qui se trouvent aujourd'hui associés aux schistes et anthracites de la façon la plus intime ; quelquefois, comme nous l'avons vu déjà, ils passent aux schistes feldspathiques. Ce serait l'objet d'une longue, mais intéressante étude que de suivre par l'analyse chimique, comme M. Delesse l'a fait pour plusieurs gisements, la série des métamorphoses subies par ces roches plutoniques, à la suite de leur apparition.

Ces porphyres affectent deux aspects différents ; dans le premier, qui est plus fréquent, le porphyre est une eurite blanche, tenace, à retrait prismatique, on en rencontre un filon important qui court au milieu des schistes, aux environs de Karigou (Koé).

La deuxième variété de porphyre ne diffère de la première qu'en ce qu'elle contient dans la pâte d'eurite de nombreux cristaux de feldspath ; elle devient parfois aussi parsemée de cellules, qui sont elles-mêmes tapissées de scories ferrugineuses, qui semblent avoir été exprimées de la roche, dans ce vide interne, par une puissante pression.

Cette variété est souvent très-pyriteuse, et à cause de cela, bleuit rapidement à l'air.

J'ai rangé les *curilines* parmi les roches sédimentaires accompagnant la houille, cependant il en est quelques-unes que l'on distingue difficilement de l'*eurite* elle-mème.

En allant de Koé à Païta par le chemin de la montagne, on rencontre fréquemment les porphyres colorés par une matière verte, non encore déterminée, mais semblant contenir du nickel.

Localités où l'on rencontre ces porphyres. —Tous les terrains sédimentaires carbonifères dont nous avons donné les limites sont à chaque instant recoupés par ces roches feldspathiques qui ne paraissent pas avoir adopté une direction générale dans leurs apparitions ; des montagnes entières en sont parfois formées ; telles sont celles sur lesquelles s'appuie le village du chef *Jacques Quindo* à Païta.

Lorsque ces éruptions de porphyre se produisirent en aussi grande abondance au milieu de ces couches de charbon, on conçoit aisément le trouble, et les changements défavorables qu'elles y amenèrent ; nous avons pu, du reste, constater quelques-uns des effets produits et voir leurs funestes résultats qui sont principalement : bouleversement des couches et altérations du combustible au point de le rendre inutilisable. La conséquence fatale de ces faits est que l'on doit actuellement abandonner en Nouvelle-Calédonie l'espoir de rencontrer une houille exploitable, et tourner plutôt ses regards vers les gisements métallifères, qui paraisssent ici avoir accompagné, comme nous le verrons, certains porphyres et les serpentines, pour nous dédommager peut-être d'avoir ainsi rendu ces couches de houille inexploitables.

Terrain carbonifère d'Ouaraï. — J'ai dit qu'à Ouaraï on retrouvait cette formation principalement composée des grès arénacés rougeâtres. Les porphyres qui apparaissent dans cette contrée sont rougeâtres, à cristaux de feldspath oligoclase, et paraissent avoir beaucoup d'analogie avec ceux que nous avons vus à l'île Ducos accompagnant le *cuivre*.

Terrain carbonifère de la vallée de Diahot. — On a vu que dans le nord-est, à Balade, les micaschistes formaient une longue chaîne le long du rivage de la mer ; si l'on gravit ces montagnes, au moment où l'on arrive à leur sommet on aperçoit une vallée intérieure au milieu de laquelle circule une large rivière faisant mille crochets ; plus loin et en dernier plan, les hautes montagnes de la côte occidentale aux profils accidentés.

Cette rivière, la plus grande de l'île et qui coule parallélement à sa direction, prend sa source dans les montagnes qui s'élèvent derrière la tribu de Poëbo où s'est rencontré l'or ; ici, où les alluvions ont une certaine importance, il serait donc intéressant de faire quelques recherches du précieux métal ; ils forment du reste, dans le fond de la vallée, une couche puissante qui, arrosée constamment par la grande rivière et les nombreux petits ruisseaux qui descendent de la montagne, se trouve dans les conditions les plus favorables au développement de la végétation.

C'est dans cette plaine, sur la rive gauche du Diahot, que se retrouve encore le *terrain houiller*.

La formation cuprifère, dont nous avons parlé, y paraît aussi représentée par des calcaires durs, recoupés de chaux carbonatée spathique et l'*Évêque d'Amata* a autrefois rapporté en France, de ces parages, des échantillons de carbonate de cuivre.

Malheureusement je fus assailli dans cette plaine par le coup de vent, qui, le 25 février 1864, causa dans l'île tant de ravages, et, tous mouillés, nos vivres détériorés, nous fûmes obligés de regagner par des sentiers effondrés, sous une pluie constante, la tribu de Balade, notre cantonnement provisoire, sans avoir pu utiliser beaucoup notre séjour dans ces parages intéressants.

Étage néocomien. — Près de Nouméa, *au bois Leclerc* et

dans les environs, on observe des grès calcaires souvent sphéroïdes; dans le centre de ces sphères j'ai rencontré une pinna, qui d'après M. Munier, paraît identique à une espèce nouvelle, non encore décrite, du néocomien supérieur de France. Ce grès s'appuie sur des grès feldspathiques.

Calcaires argileux de la route du Pont-des-Français.— Sur la route de Nouméa à Pont-des-Français, on rencontre des assises d'un calcaire argileux bleuâtre, contenant souvent des géodes de chaux carbonatée; ce calcaire, recoupé dans certains points par les porphyres, affecte un peu les formes sphéroïdales; il est facile à tailler, et sa disposition en assises régulièrement superposées. en fait une pierre de construction très-commode; il donnerait une chaux hydraulique très-bonne. Je ne l'ai pas trouvé avec des fossiles; il renferme quelquefois dans sa masse de petits nids d'une argile noire, cireuse, fortement imprégnée de bitume, lequel viendrait probablement de la distillation des couches de houille, lors de l'arrivée des porphyres.

Les bancs de ce calcaire sont presque horizontaux dans certains points et paraissent contemporains des porphyres. On trouve à « l'île aux Lapins » un calcaire compact avec calcaire spathique qui, poli par les eaux, offre un très-bel aspect.

Terrains quaternaires. — Enfin, au-dessus de toutes ces couches, sur toutes les hauteurs de la presqu'île de Nouméa et dans tous les îlots voisins, sur les côllines de Païta avoisinant la mer, se trouve un calcaire très-récent, avec quelques débris, mal conservés, de coquillages actuels.

Blanc, quelquefois un peu grisâtre, terreux au point que la pioche le pénètre sans difficulté, il contient de 9 à 12 p. 100 d'argile; ce qui est une bonne proportion pour l'hydraulicité.

Ce calcaire que j'ai indiqué à divers colons a été employé par eux avec beaucoup d'avantages; en effet, il est tendre et, par suite, d'exploitation facile, il a sur le corail l'avantage de ne pas tenir la grande quantité d'eau de mélange et de sels, qui rend ce dernier plus lourd à transporter pour un même poids final de chaux et plus long à cuire.

Ce calcaire est très analogue à celui qui compose les *îles Loyalty* (Lifou, Maré et Ouvéa), on le rencontre encore à l'île des Pins, l'île Alcmène, etc.

Dans la vallée de Houagap on trouve un grès argileux très-récent, il est micacé, à grains fins.

ROCHES ÉRUPTIVES MAGNÉSIENNES.

Si l'on imagine une ligne brisée allant du mont d'Or au pic *Ouitchambo* et de là à *Ouailou*, ligne dont la direction moyenne est à peu près le nord-nord-ouest; toute la partie de la Nouvelle-Calédonie placée au sud-est de cette ligne est presque exclusivement formée par les éruptions magnésiennes représentées essentiellement par des serpentines, avec ou sans diallage, des euphotides, des amphibolites, des diorites; mais là ne s'arrête pas seulement l'apparition de ces roches, elles se rencontrent encore sur la côte occidentale, surtout à Ouaraï, Kone, Gatep, Paquiépe, le cap Deverd, Koumac, Néoué, Tanlep, Néba, Nandé, Belep. La grande surface occupée par ces éruptions, comparée à celle occupée par les roches sédimentaires ferait dire que cette île n'est qu'un soulèvement de roches magnésiennes au milieu desquelles subsiste encore çà et là un îlot peu étendu et bouleversé des anciennes formations sédimentaires. Du reste, ce sont ces roches magnésiennes qui ont donné à l'île les formes les plus importantes qu'elle possède actuellement, et ce caractère particulier de *dénudation*, dont on s'aperçoit de suite en voyant sur la carte ces profondes échancrures qui, partout, découpent les rivages. En effet, comme nous le verrons, ces roches éruptives sont arrivées au jour, le plus souvent, dans les meilleures conditions de décomposition et de transformation en argiles, lesquelles, au fur et à mesure de leur formation, étaient entraînées par les eaux; l'acte de *dénudation* s'opérait. C'est ainsi que se sont formées la plupart de ces vastes baies qui abondent dans notre colonie, la baie du sud, Nakety, Kanala, etc. On constate même que des portions considérables ont été isolées de la Grande terre par ce départ des argiles; ainsi il est clair qu'il n'y a qu'un temps relativement assez court, que le canal Woodin, qui sépare la Nouvelle-Calédonie de l'île Ouen, s'est formé ; et là où la mer circule maintenant avec un courant très-rapide produit par la marée, existait autrefois un immense amas d'argile magnésienne que les eaux ont fini par emporter. Les naturels de l'île Ouen ont encore quelques traditions qui se rapporteraient à ce fait. Ainsi ils disent que le kagou (*), qui ne peut voler ni nager, allait autrefois de la Grande terre sur leur île, où il n'existe actuellement plus et ne peut, paraît-il, subsister.

L'île des Pins, située exactement dans le prolongement sud de l'axe de la Nouvelle-Calédonie, est dans le même cas par sa constitution géologique, et il m'a paru évident que le départ de masses argileuses et de roches magnésiennes tendres était la seule cause de l'isolement de cette terre.

Ces faits tendraient à expliquer d'une autre manière la présence dans ces parages des bancs de coraux isolés, ainsi, à mesure que la dénudation lente s'opère sur une terre, les coraux resserrent de plus en plus le diamètre de leur anneau intérieur et, à la limite, ne forment plus qu'un seul banc, laissant encore, çà et là, paraître quelques pics de nature plus résistante : les nombreux bancs de coraux

---

(*) Rhynochétos Jubatus des naturalistes, oiseau spécial à la Nouvelle-Calédonie, dont l'espèce va en se perdant; il ne vole point et son estomac offre une certaine analogie de constitution avec celui de l'autruche.

qui s'étendent du sud de la Nouvelle-Calédonie à l'île
des Pins, au-dessus desquels on voit quelquefois surgir
l'extrémité d'une roche, résultant certainement d'une *dénudation*. Dans le nord, ces récifs qui s'étendent à plus
de 100 lieues s'expliquent aussi très-bien de la même
façon, d'autant mieux que la plupart des presqu'îles et les
îlots (Pam, Néba, Nandé, etc.) qui, sur la côte occidentale,
se dirigent suivant une ligne parallèle à la Nouvelle-Calédonie, diminuent tous les jours ; formés de serpentines fen-
dillées et faciles à dénuder, les bords de ces terres sont à
pic, la mer sape constamment le pied de ces murs, et, à
chaque instant, des éboulements énormes se produisent ;
dans quelques siècles les seules traces de ces îlots seront
les bancs de coraux qui se resserrent autour d'eux et fini-
ront par les recouvrir.

Il en est de même pour les îlots qui, dans le nord de la
Nouvelle-Calédonie, se montrent encore çà et là au milieu
des récifs. Comme nous le verrons, on retrouve dans ces
îlots exactement les formations magnésiennes et argileuses
du sud.

L'explication des bancs de coraux par la dénudation n'ex-
clut point celle par l'abaissement progressif des terres, il
est même très-probable que dans certains cas les deux faits,
abaissement et dénudation, aient eu lieu en même temps.

Serpentines. — Parmi les roches magnésiennes, dans
beaucoup de cas, les serpentines prennent une allure
schisteuse ou plutôt comme on l'a vu, pénètrent des
schistes ; je ne parlerai donc ici que de la *serpentine éruptive* qui paraît être la plus ancienne des roches magnésiennes.

D'une manière générale, il a été constaté que la serpentine de la Nouvelle-Calédonie a une très-grande analogie
avec la serpentine de la Nouvelle-Galles du Sud qui, à
150 milles dans l'ouest de Sydney, forme la roche principale d'un « gold field » récemment découvert.

Différents aspects de la serpentine en Nouvelle-Calédonie.
— Le plus souvent la serpentine a un aspect grenu, elle
contient des cristaux de *diallage bronzite* et de fer chromé ;
sa surface se recouvre aussi souvent d'enduits *serpentineux*
caractéristiques ; à cet état elle compose une grande partie
de la région sud-est délimitée par la ligne brisée idéale que
nous avons tirée. Cette serpentine grenue est en décomposition permanente, fournissant des amas d'argile ; elle paraît peu hydratée.

Le deuxième aspect sous lequel se présente cette roche
rappelle les *ophiolithes* ; sa couleur générale est un vert
très-foncé, semé de cristaux de *Bronzite* ; à cet état elle
offre une pierre de construction très-jolie et facile à travailler. Dans le Var on utilise une serpentine analogue pour
la construction des portes d'entrée, des fenêtres des mai-
sons, etc. ; les colonnes de l'église de *la Chartreuse* en
sont composées. (*Carte géologique de la France*, Dufrénoy
et Élie de Beaumont.)

Cette serpentine est fréquente au milieu des éruptions
et surtout derrière Koé, au mont d'Or, etc. Souvent, sous
cet aspect, la serpentine est traversée par de nombreuses
veines, généralement assez minces, de *chrysotil* dont les
fibres sont perpendiculaires au plan de contact.

M. Delesse a déjà signalé dans la serpentine des Vosges
le chrysotil dans les mêmes conditions ; et il a fait de ce
minéral et de la roche qui le renferme une étude complète
dans les *Annales des mines*, 4ᵉ série, tome XVIII, page 528.
Voici la composition que ce géologue donne pour le chrysotil :

Silice..	44,16
Alumine.	0,42
Protoxyde de fer.	1,69
Magnésie (diff.).	42,95
Eau.	13,50
Total.	100,00

Cette composition chimique est d'autant plus remarquable qu'elle correspond avec celle d'un chrysotil d'Allemagne, et aussi avec celle d'un chrysotil de Reichenstein. De plus, cette composition est encore identique à celle de la pikrolite de Stromeyer et à celle de différentes serpentines nobles ou cristallisées.

On remarque souvent que les serpentines en décomposition sont plus riches en fer chromé que les autres ; elles présentent parfois alors un aspect nacré particulier.

Enfin, la serpentine décomposable par excellence est celle où abonde la *diallage bronzite*, dont l'hydratation d'abord, puis la décomposition, paraissent très-rapide et surtout très-complète.

Dans d'autres cas, la serpentine emprunte la structure de la pichrosmine (?) ; elle se rencontre ainsi sur la côte sud-est, à Jaté, Kanala, etc.

Dans le nord-ouest, à *Koumac*, la serpentine devient parfois gris jaunâtre, contenant de nombreux cristaux de fer chromé ; parfois d'une structure schisteuse et facile à se décomposer, elle rappelle à s'y méprendre les schistes argileux blancs dont nous nous sommes occupés, et qui pourraient très-bien n'être qu'un schiste serpentineux blanc dont la formation serait la même que celle des schistes serpentineux verts.

Parfois aussi la serpentine est recoupée par des filets d'un noir métallique très-durs, très-analogues à un silicate de fer ; on observe surtout cette particularité sur le sommet de Gatope. Dans certains cas, la serpentine est découpée par des veines noirâtres moins dures et qui sont un silicate de magnésie ; ces veinules se coupent quelquefois à angle droit, ou bien elles s'entre-croisent d'une façon tout à fait capricieuse.

Dans le mémoire de M. Delesse que je viens de citer, on trouve l'établissement d'un fait pareil pour les serpentines des Vosges. M. Delesse démontre par l'analyse que la ma-

tière qui compose ces veinules est à très-peu près la même
que celle de la serpentine proprement dite ; la différence
de teinte doit surtout être attribuée à l'état de combinaison
ou d'oxydation du fer, et elle proviendrait des infiltra-
tions qui ont lieu le long des fissures et le long des sale-
bandes.

*Matières composant la serpentine et s'en séparant acci-
dentellement.* — Il paraîtrait que, lors de l'apparition
des serpentines, certaines portions de ces roches étaient
dans des conditions qui les rendaient plus facilement
décomposables en argiles, car il semble en être résulté
presque de suite d'immenses amas d'argiles, au milieu
desquelles quelques rognons allongés de serpentine très-
diallagique, subsistent seuls ; on observe aussi dans ces
argiles des amas de diallage, de fer et de chrome, très-
puissants, comme le montre la coupe (*fig.* 12, Pl. II) prise
dans le sud de la Nouvelle-Calédonie. Ces minéraux s'isolent
ainsi en amas plus ou moins volumineux au milieu de l'argile. Comme on le voit dans la coupe, la serpentine A,
transformée en argile B, conserve encore, au milieu même
de l'argile, quelques points moins décomposables dont la
surface est entièrement décomposée ; cependant l'argile B
qui est sèche, très-rouge, chargée de limonites, semble
provenir plutôt des diallages C.

La *Diallage bronzite* C, dont la composition fournit ainsi
la plus grande partie des argiles B, se conserve quelquefois en petits amas moins altérés. La diallage du centre de
l'amas est fibro-lamellaire et très-dense, comme toutes les
variétés que nous allons successivement examiner ; densité
extraordinaire pour ce minéral et qui ne peut être attribuée qu'aux nombreux cristaux, souvent microscopiques, de
fer chromé dont elle est injectée.

Lorsque la diallage est dans un état complet de décomposition, le fer qu'elle contient en abondance se trahit par
sa vive couleur rouge qui envahit toute la roche, déjà

tendre et informe, et passant à de l'argile sous la moindre pression des doigts.

La diallage se présente aussi dans d'autres roches éruptives magnésiennes plus jeunes, et, comme nous le verrons, elle conserve toujours les mêmes tendances à la décomposition.

Le fer oxydé D forme parfois au milieu de ces argiles des amas d'une très-grande puissance; il s'y rencontre en blocs arrondis qui atteignent quelquefois plusieurs mètres de diamètre; souvent aussi le fer oxydé est de la limonite de la grosseur du petit plomb de chasse. Je reviendrai plus en détail sur la valeur industrielle de ces amas énormes de minerais de fer.

La limonite est quelquefois mêlée à du peroxyde de fer anhydre et silicifié. C'est la constitution la plus ordinaire de ce minerai.

Le fer chromé E, se rencontre aussi en amas abondants au milieu de ces argiles suivant son degré de pureté; il y présente plusieurs aspects, tantôt laminaire, tenant un peu de serpentine au milieu de ses lamelles; tantôt à grains très-fins et serrés, compact, métallique, très-noir. C'est la variété la plus riche.

Je reviendrai sur ces minerais de chrome dont l'industrie saura bientôt, je l'espère, tirer un parti avantageux pour nos usines de France et pour le développement de notre colonie.

ROCHES FELDSPATHIQUES ET MAGNÉSIENNES.

Feldspaths. — Dans différents points on rencontre des feldspaths en filons, plus ou moins puissants, au milieu des serpentines et quelquefois au milieu des schistes appartenant à des formations plus récentes que les serpentines ont soulevés. Ces feldspaths offrent plusieurs aspects; quelquefois ils sont compacts, à grains fins, et tantôt ils sont du feldspath Labrador lamellaire.

Euphotides. — Puis, dans certaines localités, ces feldspaths se chargent peu à peu de *diallage* passant aux *euphotides.*

Diorites. — Enfin ces feldspaths, unis à l'amphibole
hornblende, présentent une formation très-répandue au
milieu des serpentines des différentes localités.

Nous allons maintenant décrire quelques-uns des points
de la Nouvelle-Calédonie où les formations éruptives magnésiennes dont nous venons d'esquisser les principales espèces, se rencontrent en offrant les particularités les plus
remarquables.

Ile Ouen. — L'île Ouen, séparée de la Grande terre par
l'étroit canal de Woodis, est essentiellement composée de
roches éruptives. Ses rivages sont dominés par de hautes
montagnes généralement stériles, quelquefois couvertes de
forêts, dont les arbres un peu rabougris n'offrent pas de
dimensions suffisantes pour les besoins de la construction.
Les habitants, au nombre de 150 au plus, sont loin de
pouvoir tirer du sol les végétaux qu'ils consomment; aussi
vont-ils dans les îlots voisins et sur la Grande terre, jusqu'à
Marari, le long du rivage, utilisant, comme je l'ai dit plus
haut, les bords des ruisseaux à leur embouchure pour y
faire leurs plantations.

Ce manque de fertilité du sol est largement racheté d'un
autre côté ; je veux parler de la pêche qui là est d'une rare
abondance. En effet, la mer environnante est parsemée de
bancs de coraux sur lesquels abondent coquillages, poissons et tortues ; un peu au large existent des îlots sablon-
neux visités par de nombreuses tortues à l'époque des
pontes, et couverts d'oiseaux de mer. Ces pêches et ces
voyages fréquents sur la mer, dans de frêles pirogues, exi-
gent du travail, de l'audace et de l'adresse. Aussi les naturels de l'île Ouen m'ont-ils paru les plus intelligents, les
plus habiles et les moins paresseux des tribus que j'ai visitées.

La baie de *Koulé*, qui s'enfonce très-profondément dans

les terres, court *est* et *ouest* et divise l'île Ouen en deux parties. Le nord présente l'aspect et la composition des éruptions magnésiennes de la Grande terre dont l'étroit canal de Woodin la sépare ; le sud, au contraire, offre plusieurs caractères nouveaux.

Partie sud de l'île Ouen. — La partie sud de l'île Ouen se compose d'une chaîne de montagne dirigée à peu près est et ouest, dont les deux sommets principaux (Voir la vue, *fig.* 13, Pl. II, extraite de la *Carte marine* de M. Bouquet de la Grye) sont les sommets *Béhé* et Nogougneto ; celui-ci, qui est le plus élevé, a 262 mètres. Dans le fond de la baie de Kouté le sommet Nokoué, de 200 mètres d'élévation, domine l'isthme.

Cette chaîne de montagne est essentiellement composée de roches feldspathiques et magnésiennes dont la décomposition est permanente. Cependant le rivage de la baie *Kouté*, qui s'appuie sur la partie méridionale de l'île Ouen, est formé par les schistes serpentineux et chromés ordinaires qui s'étendent jusqu'à la pointe de Tioulé, à l'entrée de la baie (voir la *fig.* 13, Pl. II), contournent le pied du sommet *Behé*, qui est lui-même formé de ces serpentines, lesquelles souvent sont très-fortement imprégnées de cristaux de fer chromé.

Mais à la montagne Behé succède un genre de roches bien différent qui fait ici son apparition au milieu des serpentines, et se prolonge tout le long de la côte occidentale de l'île Ouen, se dirigeant au nord-ouest. Cette roche, qui se présente ici en bancs puissants est un feldspath laminaire verdâtre, schisteux, dont la coloration est due à de la *diallage* en cristaux très-disséminés ; ce minéral serait donc une variété d'euphotide.

Cette roche feldspathique, qui est fort belle, est excessivement tenace ; on la retrouve encore perçant la serpentine, dans la partie nord de l'île Ouen, à la pointe est de la baie d'Iré ; nous la retrouverons encore dans la baie du sud, dans l'îlot Oliver, etc. Du reste, cette euphotide a été et est encore un élément de *dénudation*, car elle se décompose volontiers formant des amas de kaolin, au milieu desquels se rencontrent des nodules de la roche elle-même entièrement décomposés, friables et tendres à la surface, mais encore très-durs et tenaces au centre.

Ce sont ces produits de décomposition qui forment les rivages de la baie de Kouté, et comme on le constate facilement sur les lieux, cette baie n'a été formée qu'à la suite de la décomposition des feldspaths et ensuite de l'entraînement par les eaux des produits de cette décomposition. Aussi en faisant le tour de cette baie, on voit que ses bords sont des collines peu élevées, s'appuyant du côté du nord sur les hautes montagnes serpentineuses de la partie septentrionale de l'île Ouen, collines formées de kaolins et d'euphotides altérées dont les bancs affectent la direction de la baie.

Les roches feldspathiques les plus avancées en décomposition sont souvent chargées de fer oxydé rouge pulvérulent, qui paraît provenir lui-même de la décomposition d'un minéral (diallage bronzite ou pyrite), le kaolin produit est alors fortement coloré en rouge. Du reste, il est assez rare de rencontrer parmi tous ces kaolins, un amas qui soit blanc et pur. Il arrive que dans ces roches feldspathiques ferrugineuses le fer augmente dans une très-forte proportion, la décomposition fournit alors du fer oxyde argileux d'un très-beau rouge, que l'industrie pourrait utiliser et que les naturels exploitent pour prendre le devant de leurs *cases*, leurs statues, leurs pirogues, etc.

L'anse de *Koumbé*, découpure de la partie nord de la baie *Kouté*, présente un bel exemple de toutes ces roches feldspathiques en décomposition ; là elles sont aussi accompagnées par des serpentines que découpent parfois en rhomboèdres assez réguliers de petits filons d'un silicate de magnésie coloré en bleu verdâtre et imprégné d'oxyde de manganèse ; parfois ces filons d'halloysite augmentent

de puissance, ils tiennent alors de nombreux rognons sphéroïdaux très-réguliers de pyrolusite. Dans ce point se trouve
aussi un amas de fer oxydulé magnétique mélangé de
limonite; il est placé au milieu de terres argilo-sablon-
neuses dont les couleurs varient du violet, au blanc et au
rouge.

Revenons aux feldspaths laminaires verdâtres ou *euphotides* de la côte occidentale de l'île Ouen. Aux environs de
la baie de *Koulouré*, située sur cette côte aux pieds du
sommet Nogougneto, ils subissent quelques changements
d'aspect, parfois ils deviennent blancs avec des veines et
teintes vertes. Enfin, à *Koulouré*, si l'on remonte le long
du ruisseau qui arrose la petite plaine de ce nom, on aperçoit d'abord quelques *diorites* à grands cristaux de feldspath et de hornblende. Se dirigeant alors à gauche vers le
sommet *Nogougneto*, on rencontre à son pied des roches
d'un beau vert, translucides sur les bords, à éclat un peu
gras, à cassure esquilleuse, mais présentant encore, malgré
ce changement d'aspect, dans certaines parties des bancs,
l'aspect verdâtre, laminaire de l'euphotide. Du reste, il
est facile de voir sur le terrain que les bancs de ces différentes roches sont en concordance.

Ces nouveaux bancs de roches sont de composition peu
homogène; certaines parties, compactes, vertes, rayent
bien le verre; d'autres, au contraire, sont très-tendres;
leur structure est alors schisteuse, à feuillets très-minces,
ondulés, blancs ou verts, analogues alors à de la serpentine. Cette roche est ici en association avec des schistes
serpentineux, des filons de quartz impur et des feldspaths
compacts à grains fins.

Cette belle pierre blanche, veinée de vert, facilement
fusible au chalumeau, offre, comme on le voit, plusieurs
des caractères distinctifs des *jades asciens;* elle servait autrefois, aux indigènes à fabriquer leurs plus belles haches
et les perles vertes, dont ils font des colliers si estimés

parmi eux en raison probablement de l'énorme travail et
de la patience qu'il faut déployer pour arrondir et percer
sans instrument autre qu'un fragment de quartz, une roche
aussi dure. Aujourd'hui les Néo-Calédoniens ne savent plus
faire ces belles plaques de *jade* poli auxquelles ils attachent
tant de prix, ils ignorent même la provenance de celles
qu'ils possèdent encore. Quand on leur demande où ils se
sont procuré ces plaques, ils indiquent invariablement et
je crois au hasard une localité très-éloignée de leur propre
territoire.

Si de *Nogougnelo* on suit vers l'est la direction de ces
bancs de *jade* ou d'euphotide, on arrive sur l'arête de la
chaîne (sud, 3o degrés est), qui forme la région centrale
de la partie sud de l'île Ouen. Le long de cette arête on retrouve encore la roche *ascienne*, mais dans des conditions
différentes, elle passe à un *feldspath Labrador* blanc, lamellaire, quelquefois aussi coloré en vert; cette roche est
en fragments plus ou moins volumineux, dont la surface
est polie et reposant dans des silicates de magnésie blancs,
tendres et argileux. La forme arrondie de ces fragments et
le poli de leur surface indiquent qu'ils ont été triturés plus
ou moins longtemps à une certaine époque, et la terre argileuse, tendre et blanche dans laquelle ils se trouvent serait
peut-être la première provenant de cette trituration. Ces
argiles sont quelquefois striées comme par un glissement
de la roche qu'elles enveloppent; elles atteignent alors une
ténacité plus ou moins grande et deviennent en tout sem-
blables à l'asbeste.

Ces rognons de feldspath contiennent aussi souvent des
cristaux de *grenat* ou *warovite* d'un vert admirable; malheureusement ces cristaux sont petits, on les rencontre, soit
à la surface, soit à l'intérieur des rognons, dans la masse
desquels ils sont parfois noyés et paraissent se fondre en la
verdissant.

Utilisation de cette roche feldspathique. — Quoique ce

jade ascien diffère beaucoup de celui de la Chine, si recherché et d'un prix si élevé, il pourrait cependant être employé comme pierre monumentale ou d'ornement, et bien que son gisement soit éloigné de l'Europe, son exploitation et son transport en France ne s'élèveraient certainement pas à 200 francs les 1.000 kilogrammes ; car les bancs de cette pierre viennent affleurer sur le flanc d'une petite montagne qui descend en pente uniforme et assez forte jusqu'à la mer, où se trouve un port très-sûr, celui de *Koutouré*. Pour donner une idée de la facilité qu'offre l'exploitation et le transport à la mer de cette matière, il me suffira de dire qu'avec trois Européens et quelque naturels j'ai pu, en deux ou trois jours, extraire et transporter jusqu'à la mer plus de 1.000 kilogrammes de cette pierre, formant des blocs dont l'un pesait 500 kilogrammes environ ; cependant il fallait faire rouler ces blocs sur ce terrain tout rocailleux et rempli d'arbustes ; ce n'est donc que grâce à l'uniformité de la pente et à sa grande inclinaison que nous avons pu réussir.

En résumé, l'exploitation de ce gisement étant bien organisée, les 1.000 kilogrammes de la pierre coûteraient au plus 30 francs rendus à bord d'un navire ; le fret de la Nouvelle-Calédonie en France étant de 100 francs environ. Les 1.000 kilogrammes de ce jade ne coûteraient donc à l'exploitant que 130 francs dans un port européen.

Partie nord de l'île Ouen. — La partie nord de l'île Ouen est en général composée de serpentines souvent schisteuses avec fer chromé. Au milieu de ces serpentines sont d'immenses amas de fer hydroxydé dont nous avons parlé en mélange avec des argiles. Sur les sommets, ces argiles ont été et sont encore entraînés par les pluies, laissant le sol couvert d'une quantité prodigieuse de galets de minerais de fer plus ou moins gros. Un des points les plus remarquables, sous ce rapport, est celui que l'on observe en remontant près de la baie *Kouo*, le ruisseau de *Nohoué*. A

200 mètres d'altitude environ, on se trouve en face d'un immense cône de minerai de fer, que les indigènes nomment *Mamié*. Là le ruisseau *Nohoué* se bifurquant contourne le cône qui se rattache, vers sa partie supérieure, à une série de chaînons dont les sommets sont aussi couverts de fer. Auprès de *Mamié* est un vaste plateau composé également de petits blocs du même minerai que l'on dirait empilés par la main des hommes. Parmi ces masses ferrugineuses se montrent parfois, associées à des argiles, des serpentines en nids arrondis contenant des rognons plus ou moins volumineux de petits cristaux accolés de fer chromé; enfin des amas de diallage bronzite très-dense. C'est au-dessus de ces argiles que le micaschiste dont j'ai parlé au début fait son apparition.

Dans toute cette partie de l'île Ouen, à chaque instant on rencontre la même abondance de minerai de fer; la végétation est souvent *nulle*.

Les bords du canal Woodin sont, en certains points, surtout dans le fond des anses, couverts de quantités considérables de ces minerais de fer qui, descendus du haut des sommets, s'agglomèrent et forment d'immenses dalles qui pavent très-régulièrement les rivages.

Ile Oliver. — *Baies du Sud.* — *Canal Woodin.* — L'îlot *Oliver* ou *Montravel* est un petit îlot situé à l'entrée de la baie du sud, qui offre une constitution géologique identique à celle du sud de l'île Ouen; ce sont des euphotides verdâtres schisteuses comme à Ouen. Dans le centre de cet îlot, sur les sommets, on rencontre des rognons de l'euphotide empâtés dans un argile tendre, rougeâtre, que recoupent l'argile avec pyrolusite signalée encore à l'île Ouen.

Baie du Sud. — *Canal Woodin.* — Tous les rivages de la baie du Sud et le canal Woodin du côté de la Grande terre sont composés des mêmes serpentines schisteuses parmi lesquelles abonde le fer hydroxydé; les serpentines sont généralement dirigées nord-nord-ouest.

Au fond de la baie du Sud, à l'embouchure et sur la rive gauche d'un petit cours d'eau, existent des sources d'eau thermale (température, 33 degrés centigrades), chargées de sels en dissolutions qu'elles déposent en chaque point de leur passage, de sorte que leurs lits s'exhaussent et se déplacent souvent ; elles ont ainsi recouvert de leurs incrustations et dépôts la petite colline, sur les flancs de laquelle elles jaillissent et circulent avant de se jeter dans la rivière de la baie du Sud. Ces divers points où ces sources font leur apparition sont très-voisins et à quelques mètres seulement au-dessus du niveau de la mer. Je n'ai pas eu le loisir d'analyser cette eau, mais l'essai des dépôts indique la présence presque exclusive du bicarbonate de magnésie, qui, arrivé au contact de l'air, laisse déposer du carbonate de magnésie en perdant une partie de sous-acide carbonique. L'attaque à l'eau pure de ces dépôts paraît aussi dissoudre une petite quantité de sels alcalins, du bicarbonate de soude très-probablement (dans ce cas l'eau de la source elle-même devrait en contenir en proportion *sensible*).

La rivière dont il vient d'être question (Nécoutcho) présente une petite cascade surmontée d'un rapide de 5o mètres de longueur. Pendant près de 1 kilomètre, la rivière coule au milieu d'argiles et de roches serpentines; ses berges sont très-abruptes et le fer hydroxydé y est très-abondant. Là deux embranchements se présentent ; le principal, nommé Hono-Kouao, vient sur la rive droite. Je le remontai sur toute sa longueur, je rencontrai des roches serpentineuses et d'immenses blocs de fer hydroxydé, sur les bords, la végétation est d'une puissance extraordinaire et s'oppose à la marche ; c'est là que les kaoris (Dammara ovata, Moore) atteignent des dimensions vraiment remarquables ; aussi les naturels de l'île Ouen, qui font avec ces

bois leurs grandes pirogues, ont-ils pratiqué sur les bords
du torrent un chemin qui remonte assez avant dans la montagne, afin de faire descendre jusqu'à la mer le tronc de ces
arbres gigantesques.

Minerai de fer. — Si l'on remonte la Nouvelle-Calédonie sur la côte orientale, on retrouve jusqu'au nord de Goro
cette formation de serpentine et de minerais de fer, au delà
ces minerais sont plus rares; mais lorsqu'on voit ces montagnes entières de fer hydroxydé s'élever au bord de la
mer, dans le fond de ports sûrs, on se demande pourquoi
les navires du commerce qui quittent toujours la Nouvelle-
Calédonie sur lest ne viennent pas chargés de ce minerai,
qui peut avoir une valeur assez élevée. A Sydney, par
exemple, les hauts fourneaux de Fitzroy tireraient peut-être
un bon parti de ce minerai qu'ils pourraient avoir à bas
prix.

Ce minerai de fer est du peroxyde anhydre silicifié, plus
ou moins mélangé de limonite; l'essai par la voie sèche a
donné un *culot* bien réussi d'une fonte blanche assez tenace
indiquant une teneur de 51,30 p. 100 de fer. De plus, ce
minerai tient toujours, disséminée dans sa masse, une certaine quantité de chromate de fer. Or l'acier contenant à
l'état d'alliage jusqu'à 2 p. 100 de chrome, d'après Ber-
thier, ne perd rien de sa malléabilité, et atteint même une
dureté extrême.

*Partie de la côte occidentale de la Nouvelle-Calédonie,
comprise entre le canal Woodin et le mont d'Or.* — Immédiatement au nord du canal Woodin, sur la côte occidentale
de la Grande terre, se trouve la baie *Ouié*, dominée dans
le sud-est par le pic Ja (495 mètres). Vu de l'ouest, ce pic
effilé paraît être isolé, mais il n'est que le dernier sommet
d'une chaîne de montagnes qui court très-régulièrement est
et ouest. On trouve dans les schistes serpentineux de cette
chaîne des feldspaths blancs, grenus, et des filons d'une roche
onctueuse au toucher, translucide, tantôt blanche, jaunâtre

ou verdâtre, rayée facilement par l'acier et offrant tous les aspects d'une serpentine très-pure; voici la composition chimique de cette roche dont l'analyse est due à M. Terreil, aide de chimie au Muséum :

Silice.	41,81	Oxygène.	22,12	
Magnésie.	37,38	—	14,95	15,35
Peroxyde de fer.	1,36	—	0,40	
Eau.	20,39	—	18,12	
Total.	100,94			

Cette composition correspond sensiblement à la formule SiO^3, 2 (MgO), 2 (HO).

Cette roche trouverait dans l'industrie une grande application; sa composition est analogue à celle de l'écume de mer, de la magnésite et de plus elle est translucide. Mais quoique les filons de ce minéral soient abondants, il est à craindre qu'ils ne fournissent que très-peu de blocs compacts susceptibles d'être taillés; ce silicate de magnésie a une structure mamelonnée, gélatineuse et paraît avoir été précipité là d'une dissolution.

Ne pourrait-on pas encore fabriquer sur place avec ce silicate de magnésie, parfaitement et facilement attaquable à froid par l'acide sulfurique, du sulfate de magnésie? On obtiendrait l'acide sulfurique au moyen du soufre qui est abondant dans le pays. On se trouverait, je crois, dans de très-belles conditions pour un prix de revient très-bas.

Cette roche correspond bien à un silicate de magnésie hydraté, que l'on rencontre dans le Massachusetts et qui est appelé *Gymnite*. Son gisement est au bord de la mer dans l'axe de la chaîne du pic Ja.

Baie N'go. — A cette baie succède la baie N'go, où les navires peuvent mouiller en toute sécurité; une belle rivière vient s'y jeter, les montagnes environnantes sont élevées et recouvertes d'argiles rouges ferrugineuses, contenant des amas de fer hydroxydé. Tel est le pic Kouré, symétrique du pic Ja, dont nous venons de parler (hauteur, 489 mètres) ; placé comme celui-ci sur le bord de la mer et dans le sud-est de la baie N'go.

Baie des Pirogues (Potchercin). — Cette baie, située au nord-ouest de la baie précédente, est encore une profonde échancrure au milieu des serpentines ; à la pointe nord de cette baie les serpentines schisteuses, rongées à leur base par les flots de la mer forment un mur vertical élevé qui s'oppose au passage, dans lequel la violence des *lames* se sont creusé une grotte profonde.

Dans ces parages se montrent au milieu des serpentines schisteuses de puissants filons de diorites à grands cristaux de feldspath et de hornblende ; quelquefois ce minéral domine et la cassure montre une très-belle roche dont les clivages noirs et polis de l'amphibole miroitent à la lumière. Enfin on voit aussi le passage insensible de cette dernière substance à des amphibolites à grains très-fins. A ce moment la roche passe parfois aussi, au contact des serpentines, à une roche amphibolique, pyriteuse, en décomposition plus ou moins avancée.

La rivière de Potchercin est flottable, mais il est presque impossible de la remonter en suivant les bords, à cause des flaques d'eau vaseuse qui les environnent et dans lesquelles on enfonce profondément ; cependant ce cours d'eau est considérable et doit probablement arroser dans son parcours des plaines vastes et fertiles.

De la *baie des Pirogues* à la baie *Mouéa* ce sont toujours les filons de roches amphibologiques au milieu des serpentines schisteuses, seulement ces dernières présentent ici une particularité que nous retrouverons exactement la même dans les schistes serpentines de la côte nord-ouest (à Tanlé et Koumac) ; ces serpentineux contiennent en effet de nombreux petits filons ou rognons d'une roche qui parfois est de l'opale blanche bien caractérisée ; dans ce spécimen on voit déjà sa surface tendre, donnant une poussière blanche de silice pulvérulente. Parfois l'opale passe à un silice mélangé de magnésie carbonatée; enfin, dans quelques cas, le carbonate de magnésie envahit totalement la roche, et l'on est en présence d'un carbonate de magnésie à peu près pur.

Ces différentes substances, tantôt siliceuses et tantôt magnésiennes, semblent avoir pour origine la serpentine décomposée, et l'on voit très-bien parfois le passage de la serpentine à une opale verdâtre accompagnée de dendrites, ce que l'on retrouve dans certaines opales plus ou moins carbonatées.

L'opale au milieu des serpentines est tantôt blanche, jaune et brune; elle est quelquefois aussi mamelonnée, ce qui dénonce son origine.

Baie de Mouéa. — Dans la baie même de Mouéa se rencontre la petite rivière de Houantion, le long de laquelle abondent les *diorites*, dans lesquels la *hornblende* paraît passer à de la *diallage bronzite*, on a alors une *euphotile* qui offre parfois un très-bel aspect; le feldspath y est à grandes lamelles, nacrées, pyriteuses, et contient de la magnésie comme partie constituante. Les cristaux de diallage bronzite qui accompagnent ce feldspath sont grands, très-ferrugineux en décomposition, offrant alors une couleur blonde particulière.

A cette euphotide s'associe encore dans ces points le feldspath contenant du fer oxydé rouge, que nous avons vu à l'île Ouen; il est donc probable que ce fer ne provient dans ces feldspaths que de la décomposition de la diallage. Ce passage de la diallage à l'amphibole a déjà été constaté par M. Delesse dans les euphotides d'Odern (Vosges); non-seulement le clivage de la diallage devenait le même que celui de l'amphibole, mais encore sa composition chimique s'en rapprochait énormément, (*Annales des mines*, 4ᵉ série, tome XVI, M. Delesse, euphotide d'Odern.)

Le mont d'Or. — Le mont d'Or est orienté nord, 4o degrés ouest et offre quatre faces principales qui regardent le sud-ouest, le nord-ouest, le nord-est et le sud-est.

Vu de l'ouest il présente un aspect saisissant; sa masse énorme est complétement détachée de toute chaîne, et son flanc, sans courbure ni contour, descend verticalement comme une vaste muraille, pour se raccorder presque à angle droit avec une plaine spacieuse et régulière dont la riche végétation contraste vivement avec la roche nue et les broussailles maigres et dures de cette face ouest. D'une certaine distance, *la ligne de faîte* forme une courbe très-régulière se rapprochant d'une moitié d'ellipse dont le grand axe serait la distance qui sépare la rivière de Boulari de la pointe Tara et dont la moitié du petit axe serait la hauteur du mont d'Or (775 mètres).

Vu du nord-ouest, la courbe est moins régulière et montre trois pitons distincts dont le plus élevé se nomme *Gouemba.*

Au nord-ouest, quatre ravins prenant leur naissance très-près du mont Gouemba, descendent en divergeant mais en ligne droite; ils échancrent profondément la montagne et présentent en plusieurs points des cascades remarquables ; les eaux y roulent d'énormes blocs de roche.

Sur la face nord-est, les pentes sont un peu moins rapides que sur le flanc sud-ouest ; les broussailles abondantes et très-serrées s'opposent presque complétement à l'ascension.

Au sud-est, ce massif se termine par un contre-fort court et arrondi que domine un piton de 45 1 mètres d'élévation ; celui-ci descend brusquement à la mer qui baigne son pied en le contournant pour former l'entrée de la baie Mouéa.

Le mont d'Or paraît avoir été un centre d'éruption à l'époque de plus ou moins longue durée, pendant laquelle surgirent en abondance, dans ces parages, les roches éruptives magnésiennes : ce cône, élevé à large base, diffère, au point de vue physique, des pics voisins par son isolelement, mais les roches qui le composent se rattachent à celles de la *grande chaîne* et ont exercé les mêmes actions soulevantes et métamorphiques sur les roches stratifiées à travers lesquelles elles se sont fait jour.

Nous avons vu que du côté de l'ouest, c'est-à-dire sur le rivage de la mer, on rencontre au pied du mont d'Or la formation carbonifère présentant là, entre la mer et la montagne, une bande étroite. Si contournant alors le mont d'Or, on se dirige entre son pied et la rivière de Boulari, on rencontre d'abord une série de petites collines reliées par des contre-forts et composées des *schistes feldspathiques* que nous connaissons. La végétation est d'une grande richesse, aussi y trouve-t-on de belles cultures indigènes dans les petits vallons qui séparent ces collines, entonnoirs bien abrités des vents et toujours un peu humides, des plantations de *café* réussiraient très-bien.

Bientôt l'aspect du pays change d'une manière complète ; aux schistes succèdent des argiles rouges formant des collines peu élevées, mais allongées qui contiennent des rognons de fer oxydé, chromé, etc. Quelques petits filons de quartz, cristallisé parfois blanc jaunâtre, caverneux, grenu, courent au milieu de ces amas argileux ; on y rencontre aussi des veines de feldspath coloré par l'oxyde de fer ; la végétation est à peu près nulle.

Sur les bords de la rivière Boulari et dans ces argiles se trouvent deux puits de 5 mètres environ de profondeur ; ils ont été creusés, paraît-il, par l'infortuné M. Bérard dans la pensée qu'il trouverait du cuivre ; car, d'après les naturels de ces parages, auxquels je montrai des échantillons de cuivre oxydulés, la rivière de Boulari contiendrait souvent dans son lit des rognons plus ou moins volumineux de ce riche minerai de cuivre, et cela surtout après les grandes pluies. Le temps m'a manqué pour faire des recherches dans ces parages.

En quittant les fouilles opérées par M. Bérard, nous commençâmes par contourner la face nord-est du mont d'Or, nous dirigeant au sud-est ; les parties basses sont ici très-marécageuses ; quelquefois aussi elles sont remplies par des blocs descendus du mont d'Or, des masses ferrugineuses et siliceuses à demi-scorifiées. Ces masses siliceuses, qui paraissent provenir de la décomposition des serpentines, se retrouvent souvent avec elles, offrant alors plusieurs aspects, tantôt c'est un silex caverneux, renfermant encore dans ses cavités des silicates magnésiens ; tantôt nous voyons le passage du quartz hyalin fibreux à l'opale ; quelquefois c'est un quartz résinite à cellules desquelles les matières serpentineuses ont été enlevées. Enfin, ce sont parfois des squelettes de silice, provenant d'une serpentine dont la magnésie a disparu.

Arrivant enfin dans la plaine de Khouen on trouve un ruisseau, affluent de la rivière Macéa, dont les eaux jaunies par l'oxyde de fer, tiennent en dissolution une forte proportion de *sulfate de protoxyde de fer* que dénonce leur saveur astringente et analogue à celle de l'encre ; on sait que la médecine tire parti de ces eaux ; celles-ci prennent leur source sur le flanc nord-est du mont d'Or et vers le col qui le sépare de son contre-fort sud.

En opérant l'ascension du mont d'Or par le ruisseau de la cascade (flanc sud-ouest), on rencontre d'abord des alluvions récentes, formées de blocs éruptifs volumineux, détachés des parties plus élevées et empâtés dans des argiles jaunâtres. C'est dans ces alluvions que le ruisseau s'est creusé une cascade d'environ 12 mètres de hauteur, dont les parois forment un petit cirque presque entièrement fermé. Au-dessus de cette chute d'eau, on trouve des roches stratifiées très-friables ; schistes argileux, aux couleurs violettes, jaunes ou blanches, dirigés nord-ouest et sud-est, fortement inclinés vers le nord et paraissant appartenir à l'époque carbonifère. A ces schistes succèdent des amas de matières sablonneuses, friables et jaunâtres, qui, par le lavage des pluies et des eaux courantes décèlent des fragments grossièrement arrondis de manganèse oxydé terreux.

Plus haut, ce sont les serpentines ordinaires; enfin, à une altitude de 25o mètres environ, en un point où le *ruisseau de la cascade* coule resserré entre deux murailles à peu près verticales de 2o mètres de hauteur environ, apparaît un amas de minerai de chrome, qui se présente là en petits cristaux cimentés par une terre magnésienne.

Dans les serpentines du mont d'Or surtout, on rencontre parfois un minéral assez complexe, qui paraît principalement formé de chlorites, il est en petits amas ou en nids; quelquefois il affecte une forme schisteuse qui pourrait de prime-abord la faire considérer comme un *stéaschiste.*

Au sommet le plus élevé du mont d'Or, sur une plate-forme, abonde le minerai de fer avec chrome, se présentant en masses plus ou moins volumineuses, mais ordinairement de la grosseur de la tête. Dans certains points, ces rognons sont amassés en tas de quelques mètres cubes de volume, peu espacés les uns des autres, et les naturels m'expliquèrent cela de la manière suivante : à une époque assez éloignée, les indigènes des *îles des Pins* et d'*Ouen*, venaient ravager les plaines de Marari et de Boulari; leurs habitants n'ayant souvent de refuge que dans la fuite, et poursuivis quelquefois jusque dans la montagne par des ennemis nombreux et acharnés, se retiraient en dernier ressort sur cette plate-forme. Il leur était alors facile d'empêcher l'escalade en faisant rouler sur les assaillants ces gros et lourds galets de fer (qu'ils nomment *mérégua*) empilés en tas autour d'eux comme de véritables boulets.

On effectue aisément l'ascension du mont d'Or en suivant l'arête qui prend naissance du côté de Boulari (nord-ouest): on y aperçoit d'abord les *schistes feldspathiques noduleux,*

auxquels succèdent les serpentines schisteuses, etc. Il en
est de même si l'on remonte la même arête en partant de
son extrémité (sud-est); par cette voie l'on trouve, du côté
de l'est, au sommet d'un ravin qui conduit ses eaux jusque
dans la vallée de Khouen, un amas de minerai de chrome
cristallin, dont nous parlerons tout 'à l'heure. De ce point,
en descendant vers Khouen, on rencontre encore toute une
série de minerais de chrome.

Minerais de chrome du mont d'Or. — Nous l'avons dit,
dès les premiers pas qu'il fait en Nouvelle-Calédonie, l'ob-
servateur est frappé de l'abondance des roches magnésiennes, mais il s'aperçoit en même temps que, malgré des
différences assez grandes d'aspect, de nature et d'âge, elles
ont un lieu commun et un compagnon constant, le *fer
chromé*. En effet, ce minéral se trouve :

En nodules dans les stéaschistes de Balade (nord-est);

En grains cristallins dans les schistes serpentineux du
sud et dans ceux du nord-ouest;

En cristaux plus ou moins volumineux dans les serpentines diallagiques, les diallages, les minerais de fer du
sud;

En masses amorphes et amas plus ou moins considérables dans les argiles au milieu des serpentines;

Enfin, le fer chromé compose presque exclusivement les
sables métallifères noirs qui recouvrent les rivages de tout
le sud de l'île et le lit des ruisseaux qui circulent dans les
serpentines.

Parmi tous ces modes de gisement du fer chromé, il n'en
est qu'un seul qui présente ce minerai avec assez d'abondance et de pureté pour que l'exploitation en soit rémuné-
ratrice, c'est celui où le fer chromé se montre en amas au
milieu des serpentines et que l'on rencontre au mont d'Or,
comme nous venons de le voir.

En parcourant le mont d'Or dans plusieurs sens, j'ai rencontré, un peu partout, ces amas de minerais de chrome.

Tous sont d'une exploitation facile étant à la surface du sol, simplement mélangés à une argile tendre; quelle sera la richesse de ces gisements en profondeur? Je l'ignore, n'ayant pas eu les moyens de faire des recherches concluantes à cet égard; mais actuellement les frais de l'exploitation et des recherches seraient couverts au delà par le prix de vente du minerai. Le transport du minerai à la mer s'exécuterait facilement en lui faisant suivre les pentes, ordinairement assez régulières ou faciles à régulariser, du mont d'Or.

J'ai fait en Nouvelle-Calédonie le calcul du *prix de revient* d'une tonne du minerai de l'amas de *Khouen* rendue à la mer, en supposant établis un chemin de traîneau et un chemin de charrettes du bas de la montagne à la mer, et voici le résultat obtenu :

	fr.
Extraction d'une tonne de minerai.	2,50
Chargement et transport au traîneau.	1,00
Chargement et transport au pied du mont d'Or.	2,00
Chargement et transport en charrettes au bord de la mer.	3,00
Frais généraux, usure et entretien du matériel. . . .	3,00
Total.	11,50

Il faut ajouter aux 11ᶠ,50 par tonne les frais de chargement et le fret jusqu'en Europe; ce dernier est variable, car tel navire ayant besoin de lest (ce qui est le cas le plus ordinaire des bâtiments du commerce venant en Calédonie) prendra à un prix très-bas ce minerai qui, par sa densité assez élevée, remplirait très-bien le but; à défaut de ces navires le prix de transport s'élèverait jusqu'à 100 francs environ. A ce taux l'exploitant aurait même encore un grand avantage, car le minerai de chrome vaut en grand environ 200 francs la tonne (il se vend à Paris en détail 1 franc à 1ᶠ,20 le kilog.). Le prix du minerai calédonien ne serait certainement pas au-dessous du taux cité, puisqu'il a été reconnu de première richesse en chrome; voici, du reste, la moyenne de deux analyses de ce *chromite* de fer, dont l'une a été faite à l'École des mineurs de Saint-Étienne :

Peroxyde de fer. :	34,000
Sesquioxyde de chrome.	61,333
Alumine.	0,114
Magnésie.	0,012
Silice.	4.625
Matières non attaquées et pertes.	0,016
	100,000

La teneur de 61.333 p. 100 de sesquioxyde de chrome est la plus élevée que j'aie trouvée dans les ouvrages qui donnent, pour les différents fers chromés, les teneurs suivantes :

Fer chromé de l'Aveyron.	37,0
— de Styrie.	34,8
— des monts Ourals. . . .	55,5
— de Silésie.	32,5
— de Saint-Domingue. . .	37,0
— de Baltimore.	51,6

Je terminerai cet aperçu sur les minerais de *chromite* de fer de la Nouvelle-Calédonie, en disant que la maison *Delacretaz et Clouet*, du Havre, a annoncé qu'elle pourrait prendre par année plusieurs milliers de tonnes de ce minerai.

Du mont d'Or (côte ouest) à Yaté (côte est). — Le sentier qui conduit du mont d'Or à Yaté prend naissance à Boulari et suit d'abord la rivière de ce nom, que les naturels nomment Oua-Kouré (*Rivière des Kouré* et non des *Kaoris*, comme cela a été écrit. Le kouré est une *crevette* qui pullule dans les eaux de cette rivière; quant au superbe kaori, il n'en existe pas un seul le long de ses bords). Le sol est tout composé des argiles rouges que nous connaissons; là aussi abondent leurs compagnons ordinaires qui sont le *fer chromé, hydroxydé* et les *filons de quartz cristallin.*

La montagne la plus haute que l'on ait à franchir est un pic seulement élevé de 500 mètres environ; enfin, la partie la plus remarquable de la route est la *plaine des Lacs,* située à 14 ou 15 kilomètres d'Yaté; elle mesure 5.000 hectares, d'après M. Bourgey, lieutenant d'infanterie de la marine; cette plaine, composée, comme la plus grande partie des terrains que nous venons de traverser, de masses immenses d'argiles, a dû naturellement retenir les eaux dans les points où se rencontraient des dépressions, aussi présente-t-elle plusieurs lacs dont les deux principaux sont : 1° le lac Latour, de 1.500 mètres de longueur sur 500 mètres de largeur, et 2° le lac Arnaud, dont la largeur est de 500 à 600 mètres et la longueur 1.500 mètres.

La végétation sur ces argiles est à peu près nulle; le seul intérêt qu'elles offrent est cependant important; ce sont les amas, parfois considérables, de minerais de chrome qu'elles paraissent contenir, qui sont appelés à être un jour une source de richesse pour ce pays désolé.

Éruptions magnésiennes de Koé et du bassin de la Dumbéa. — Voici les particularités offertes par cette contrée : d'abord, à l'endroit où la rivière de Dumbéa sort d'une vallée, profondément encaissée dans les montagnes de l'intérieur, pour circuler dans la plaine de Koé, se dresse le pic de *Latouchetéré,* qui n'est autre chose que le quartz hyalin, accompagnant ordinairement les argiles magnésiennes, qui a pris ici les proportions d'un énorme filon; entouré d'argiles, ce quartz est souvent cristallisé, avec des enduits verts à sa surface, qui paraissent dus à du nickel, dont nous allons signaler la présence dans plusieurs des roches de ces parages.

La rivière de Dumbéa, les ruisseaux, ses affluents, qui

arrosent la plaine de Koé et plus particulièrement celui qui met en mouvement la roue hydraulique de l'usine de M. Joubert, contiennent tous dans leurs lits, avec abondance, le silex caverneux, cloisonné qui accompagne ordinairement les argiles magnésiennes ; mais ici, les cavités de la roche sont remplies de silicates magnésiens, fortement imprégnés d'une substance nickélifère verte, qui les colore et que, jusqu'à ce jour, on avait prise pour un certain état du chrome, qui, d'habitude, est abondant dans le quartz lui-même ; M. Jannettaz a constaté la véritable nature de cette coloration.

Le nickel se rencontre aussi dans les mêmes conditions, accompagnant des serpentines noirâtres, avec nodules de matières vertes ; à Kanala, le nickel se montre encore colorant fortement un silicate magnésien.

Il sera d'un haut intérêt d'étudier plus complétement les gisements du nickel en Nouvelle-Calédonie et de voir si l'industrie ne saurait point y tirer parti de ce métal, dont le prix, comme on sait, est assez élevé, et dont l'emploi, cependant, offre tant d'avantages dans certains cas. De prime abord, à cause du mélange intime du nickel au silicate magnésien, on pourrait dire que le traitement en grand de ce métal s'opérerait plus facilement par voie humide.

Lorsqu'on remonte la rivière de Dumbéa, au-dessus de la plaine de Koé, on ne trouve plus que les serpentines ordinaires découpées souvent en prismes plus ou moins volumineux par de petits filons d'une roche *feldspathique* et *magnésienne, diallagique* qui, se décomposant facilement, laisse subsister ces masses régulières de serpentine dans des positions bizarres.

Ailleurs les serpentines sont découpées par des bancs quelquefois puissants de feldspath laminaire et de diorites, ordinairement à grands cristaux. Ces diorites offrent ici des particularités remarquables ; ainsi elles sont quelquefois accompagnées d'une matière verte, magnésienne, tendre.

Dans ces deux variétés de diorite, le feldspath se décompose superficiellement et passe ainsi à du kaolin verdâtre.

Enfin, on rencontre parfois une matière très-intéressante
(voir la collection); son analyse n'ayant pas encore été
faite, on n'en peut parler que prudemment; sa couleur est
d'un beau vert, son aspect est luisant et cireux, assez tendre; sa poussière est blanche; elle empâte quelques cristaux de diallage (?); elle offre beaucoup d'analogies avec le
jade de la Chine. Cette matière se rencontre au milieu des
serpentines et sa matière colorante paraît encore être le
nickel.

Dans les autres parties de la Nouvelle-Calédonie composées d'éruptions magnésiennes, la série des roches de ce
genre que nous venons de détailler se reproduit ordinairement; je ne citerai donc actuellement que les régions qui se
font remarquer par des faits plus particuliers.

Pingiane. Côte occidentale. — Pingiane est une petite
tribu située en face de l'île Koniène, formée elle-même de
serpentines schisteuses; dans ce village apparaissent au
milieu des serpentines des porphyres, que nous trouvons
encore à Gatop dans les mêmes conditions; ici, cette roche
est parfois toute désagrégée; elle est associée à des jaspes,
minerais de fer, roches scoriacées et à quelques veines de
calcaire tendre et impur.

De *Pingiane à Koné* ce sont toujours les schistes serpentineux; dans cette dernière localité nous retrouvons les
schistes *feldspathiques noduleux* de Nouméa, avec quartz,
jaspes, lydiennes, etc.

De Koné à Gatop, le chemin qui longe de hautes montagnes dirigées nord-ouest, traverse d'immenses plaines ma-
récageuses, que recouvrent des *fers limonites;* enfin, à
quatre ou cinq heures de marche de Gatop, le sentier est
obstrué par la chaîne de *Cafféah,* de 3oo mètres de hauteur
environ en ce point, qui se détache à angle droit des

grandes chaînes et se compose exclusivement de serpentines.

A Gatop, la baie est dominée par un sommet de 560 mètres environ de hauteur, qui est l'extrémité d'une chaîne de montagnes parallèle à la précédente; ce sommet rappelle, en petit, le mont d'Or; sa constitution pétrologique est la même, sauf que l'action ignée est ici plus apparente et a produit une masse de roches paraissant *frittées* et scorifiées, des rognons d'un silicate de fer caverneux, qui, parfois, forme filon au milieu des serpentines elles-mêmes, qui sont aussi découpées par des *euphotides*.

Au pied de ce sommet se déroule la baie de Gatop, bordée par des schistes feldspathiques noduleux, qui forment ici une chaîne peu élevée, mais régulière. Ils sont associés à des schistes serpentineux, découpés par des filons de quartz et de calcaires.

Entre le fond de la baie de Gatop et la rivière de Pouangué se montre sur le rivage un banc puissant du porphyre signalé à *Pingiane;* seulement ici il est accompagné d'une roche blanche d'aspect particulier, très-facilement fusible, qui doit être une zéolithe. Le porphyre affecte parfois la forme sphéroïdale; il est dirigé nord-ouest.

Les villages de Pouangué, Pouaco, au nord de Gatop, sont aussi composés de serpentines alliées à des schistes feldspathiques.

Enfin, au *cap Deverd*, nous retrouvons les *diorites* à grands cristaux de hornblende ; des filons considérables d'un feldspath cristallin très-beau ; des euphotides et même un porphyre euritique, identique à ceux signalés à Koé. Aux environs de ce cap se montrent encore les schistes serpentineux avec quartz, jaspe, silex et poudingues à ciment ferrugineux.

Du *cap Deverd à Gomen*, nous commençons à rencontrer, au milieu de la série magnésienne, des filons d'un silicate de magnésie très-blanc, très-pur, mais tenace, résistant qui, pulvérisé, pourrait très-bien servir à la fabrication des pipes dites « *d'écume de mer.* » Il est dans ces parages d'une abondance extrême au milieu des serpentines; parfois il se colore en vert et passe à la serpentine proprement dite; d'autres fois il perd sa magnésie et laisse un squelette de silice fibreuse et verdâtre.

Koumac. — Un peu au-dessus de Gomen nous trouvons la spacieuse et fertile plaine de Koumac, qui s'appuie sur des montagnes serpentineuses où les diorites abondent.

Ile de Koumac (de la Table). — Cet îlot horizontal, à rebords taillés à pic, est aussi composé en grande partie de roches magnésiennes, qui, à l'ouest, sont associées à un banc de calcaire grenu.

La serpentine contient aussi des silicates de magnésie verdâtres, assez durs, très-siliceux avec de petits nodules de même matière, paraissant offrir un commencement de cristallisation. Encore dans ces serpentines on rencontre ici une opale jaunâtre mamelonnée, d'aspect agréable.

Enfin, au milieu de silicates de magnésie tendres, se trouvent des rognons très-denses composés de cristaux, de diallage verte, accolés.

Ile Tanlé. — Cette île, formée de roches magnésiennes, se fait remarquer par l'abondance du silicate de magnésie blanc, compacte, dont j'ai parlé. Le fer chromé injecte aussi presque toutes ces roches.

Côte est. Houagap. — Les montagnes environnant Houagap présentent aussi quelques nouveaux aspects de roches magnésiennes; ainsi à Pouimbey on rencontre des euphotides pyriteuses particulières passant à une variolithe. À Amoi, les mêmes roches se montrent aussi. Au sujet de cet endroit, situé à une journée de marche au sud de Houagap, je relaterai un fait qui peut avoir un certain intérêt pour la science :

En 1865, pendant le cours d'une expédition militaire contre les naturels de la côte ouest, à la suite de laquelle

je pus visiter cette contrée encore insoumise, quelques-
unes des pierres lancées contre nous par les naturels purent être recueillies ; la densité considérable de quelques-
unes d'entre elles, attira mon attention et je reconnus, en
effet, qu'elles étaient composées de sulfate de baryte blanc
cristallin. Mais je n'avais jamais vu cette espèce en place,
et, comme on le sait, ce minéral est le compagnon presque
constant des filons de certains métaux; j'interrogeai donc
différents insulaires. Les habitants de la tribu d'Amoi recon-
nurent bien cette pierre, me disant qu'on la trouvait, au
milieu des herbes, non loin de la rivière d'Amoi, qu'il y en
avait de gros blocs. Je montrai en même temps à ces
hommes des échantillons de différents minerais. Aperce-
vant un beau fragment de cuivre pyriteux : « Ceci, me dirent-ils, se trouve avec la pierre lourde. »

J'aurais bien désiré vérifier l'exactitude de ce fait, mais
je n'en eus pas le temps; dans tous les cas, avec ces données, il serait facile de trouver dans cette tribu le point
d'où ils extraient cette pierre très-recherchée par eux, qu'ils
ne donnent jamais aux Européens.

Ile Belep. — L'île Belep, située au milieu des récifs du
nord de la Nouvelle-Calédonie, se compose principalement
de roches magnésiennes et de fer oxydé rouge argileux
que les naturels emploient pour calfater leurs pirogues et
comme couleur rouge.

Ile des Pins. — Je ne dirai que quelques mots de cette
île dont la constitution géologique se rapporte exactement
à celle de l'île Ouen et du sud de la Nouvelle-Calédonie,
qui n'est distante que de 4 ou 5 lieues, et à laquelle elle
a dû autrefois être unie.

Cette île, circulaire, présente une surface horizontale,
composée des argiles et amas de fer hydroxydé; un seul
pic, élevé de 266 mètres, se montre au-dessus de cet ho-
rizon. Ce pic est composé des serpentines diallagiques avec
toute la série que nous connaissons.

ROCHES DE FORMATION ACTUELLE.

Conglomérat coquillier.— Autour de la plupart des îlots de sable, il se forme sur les rivages de la mer, un *conglomérat coquillier* très-tenace, qui consiste simplement en l'agglomération du sable du rivage par un ciment tout à fait invisible à l'œil nu, mais qui doit être composé d'une série d'animaux microscopiques, qui, végétant au milieu des sables, en relient les grains les uns aux autres.

Ce conglomérat se forme aussi très-souvent à l'embouchure des rivières et, s'avançant quelquefois assez avant vers la mer, contribue beaucoup à l'agrandissement des plaines qui la bordent.

Carbonate de magnésie. — Nous avons vu que les sources thermales de la baie du Sud déposaient beaucoup d'une matière essentiellement composée de carbonate de magnésie; cette substance, molle à la surface, devient avec le temps très-dure et très-tenace, affectant une texture cristalline.

Sulfate de magnésie. — La plupart des ruisseaux qui descendent des montagnes serpentineuses contiennent beaucoup de sulfate de magnésie qui se dépose quelquefois en cristaux déliés sur la surface des alluvions; et là, dans certains points des berges de la Dumbéa, à Koé, par exemple, on pourrait en recueillir des quantités notables.

Couche d'argile rouge de Nouméa.— À Nouméa et dans les régions avoisinantes qui s'étendent au pied des montagnes serpentineuses, les roches sont recouvertes d'une couche plus ou moins épaisse d'argile rouge accompagnée de limonites, qui paraît provenir des amas d'argiles que nous avons vu accompagnant les serpentines et les brèches dévoniennes. Cette argile fournit souvent une assez bonne terre à brique, quoique, dans beaucoup de cas, la grande quantité de fer limonite qui l'accompagne, s'oppose à une bonne cohésion et que l'on n'obtienne que des briques très-fragiles.

Couches d'argiles blanches et réfractaires.—Les schistes argileux blancs, si répandus dans le centre et le nord de l'île, infusibles comme nous l'avons vu, fournissent toujours par leur désagrégation une argile ordinairement très-fine, très-blanche et très-réfractaire. Cette matière, qui est un silicate de magnésie presque pur, à Arama, par exemple, forme dans les vallées des couches excessivement puissantes. Pour être employée à la fabrication d'objets réfractaires elle aurait besoin d'être mêlée à beaucoup de sables quartzeux, car elle est extrêmement grasse : la seule impureté qu'elle contienne sont des grains de fer oxydulé, titanés, etc., qui abondent dans les sables des ruisseaux.

Cette argile dans le nord, lorsqu'elle est rendue moins grasse par une certaine proportion d'oxyde de fer, est employée par les naturels pour la fabrication de leurs ustensiles en poterie.

Sables métallifères. —Nous venons de voir dans le nord des sables métallifères ; dans le sud, au milieu des ruisseaux et des rivages, au contact des roches serpentineuses, il y a aussi une très-grande abondance de sables métallifères composés essentiellement de fer chromé, en petits cristaux ordinairement, de fer oxydulé, etc.

Pierre ponce. —Autour de toute l'île, sur ses rivages, les flots de la mer ont rejeté de grandes quantités de pierre ponce ou *Pumite*; elles sont là, à l'état de galets roulés, témoignant du voisinage d'éruptions récentes. On ne sait si elles viennent des volcans voisins de Matthew ou de Tana.

TABLEAU DES ÉTAGES FOSSILIFÈRES DE L'EUROPE REPRÉSENTÉS EN NOUVELLE-CALÉDONIE.

En résumé, en Nouvelle-Calédonie, voici la liste des terrains qui paraissent correspondre, par leurs fossiles, aux terrains de l'Europe :

Terrain quaternaire : caractérisé par des coquilles vivant encore actuellement sur les côtes de l'île.

Néocomien inférieur : caractérisé par une Pinna (nov. sp.).

Lias supérieur : caractérisé par une Nucula Hameri (Dunker).

Infralias caractérisé par { Ostrea sublamellosa.
{ Pellatia Garnieri (nova species).

Trias. . . { Supérieur : Halobia Lomelli.
{ Inférieur : Avicula Richmondiana.

Dévonien inférieur. . . . {
{ Orthis.
Silurien supérieur. . . . {

Étages azoïques : micaschistes.

Paris, 12 mars 1867.

Extrait des ANNALES DES MINES, tome XII, 1867.

Paris. — Imprimé par E. Thunot et Cⁱᵉ, 26, rue Racine.

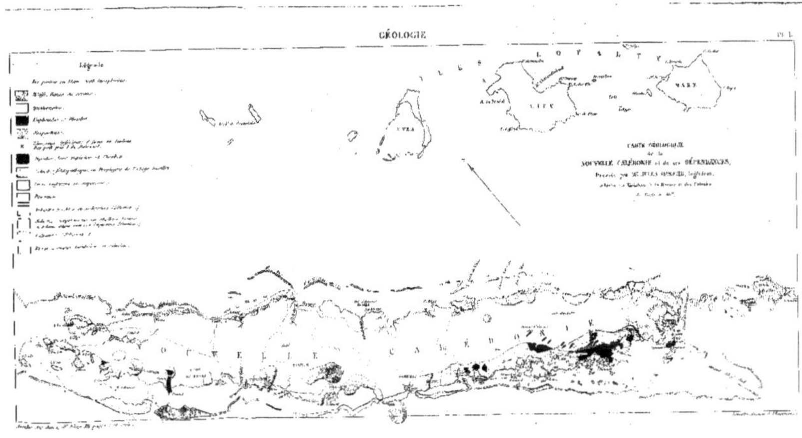
ILES LOYALTY
UVEA
LIFU
MARE
CARTE GÉOLOGIQUE
de la
NOUVELLE CALÉDONIE et de ses DÉPENDANCES,
Dressée par M. JULES GARNIER, Ingénieur,
NOUVELLE CALÉDONIE

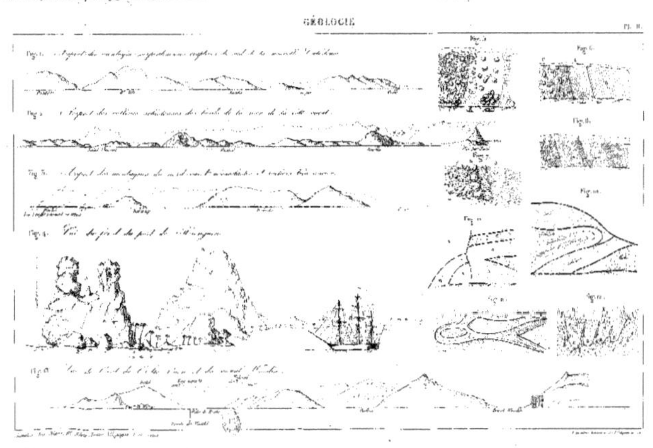